黔北地区页岩气储层物性特征研究

Research on Physical Properties of Shale Gas Reservoirs in Northern Guizhou

张 杰 毛瑞勇 谢 飞 成奖国 著

本书数字资源

北 京

冶 金 工 业 出 版 社

2022

内 容 提 要

贵州页岩气资源量丰富，其黑色页岩系储层分布地区地质构造复杂，页岩气的生成、富集、赋存及运移规律也相对复杂。黑色页岩储层矿物组成、岩性特征及页岩孔隙类型等与页岩气赋存空间有着重要关联。有机质作为黑色页岩生烃的物质基础，对生烃强度、页岩吸附气量等均有重要控制作用。研究黑色页岩储层矿物组成、岩性特征、孔裂隙发育特征、有机质组成及演化特性可为页岩气勘探研究工作提供借鉴及基础参考资料。

本书主要由贵州省科技厅重大应用基础研究项目"贵州复杂构造区页岩气赋存与渗透机制研究"的子课题"页岩气富集储层物性研究"（项目编号：黔科合 JZ 字 [2014] 2005）资助完成，主要是为贵州页岩气的开发利用提供参考资料，同时也供相关页岩气储层、成藏方面研究人员，相关专业研究生、本科生学习研究参考。

图书在版编目（CIP）数据

黔北地区页岩气储层物性特征研究／张杰等著 . —北京：冶金工业出版社，2022. 10

ISBN 978-7-5024-9264-9

Ⅰ.①黔… Ⅱ.①张… Ⅲ.①油页岩—储集层—研究—贵州 Ⅳ.①P618. 130. 2

中国版本图书馆 CIP 数据核字（2022）第 163050 号

黔北地区页岩气储层物性特征研究

出版发行	冶金工业出版社	电　话	(010)64027926
地　址	北京市东城区嵩祝院北巷 39 号	邮　编	100009
网　址	www. mip1953. com	电子信箱	service@ mip1953. com

责任编辑　于昕蕾　卢　蕊　美术编辑　彭子赫　版式设计　郑小利
责任校对　石　静　责任印制　禹　蕊
三河市双峰印刷装订有限公司印刷
2022 年 10 月第 1 版，2022 年 10 月第 1 次印刷
787mm×1092mm　1/16；10. 75 印张；262 千字；164 页
定价 65.00 元

投稿电话　(010)64027932　投稿信箱　tougao@ cnmip. com. cn
营销中心电话　(010)64044283
冶金工业出版社天猫旗舰店　yjgycbs. tmall. com
（本书如有印装质量问题，本社营销中心负责退换）

前　言

贵州页岩气资源丰富，但其黑色页岩系储层分布地区地质构造复杂，页岩气的生成、富集、赋存及运移规律也相对复杂，勘探开发难度相对较大。目前贵州页岩气成藏相关研究多集中于黔北地区，主要为气藏地质条件和含气评价方面的研究。本书主要从黑色页岩储层性质、有机质方面开展了相关研究，其主要目的是查明牛蹄塘组黑色页岩中页岩气存储条件。黑色页岩中页岩气存储层的矿物组成、岩性特征等对页岩孔隙类型与页岩气赋存空间变量有着重要影响，有机质作为黑色页岩生气的物质基础，对生烃强度、页岩吸附气含量均有重要控制作用。

研究黑色页岩储层矿物组成、岩性特征、孔裂隙发育特征、有机质组成及演化特性可为深入了解贵州黑色页岩特征以及贵州部分地区页岩气勘探研究工作提供参考依据，同时对我国其他地区黑色页岩的研究工作也有一定的借鉴及参考意义。

本书主要研究内容由贵州省科技厅重大应用基础研究项目"贵州复杂构造区页岩气赋存与渗透机制研究"的子课题"页岩气富集储层物性研究"（项目编号：黔科合 JZ 字〔2014〕2005）资助完成的研究工作所组成。基于钻孔岩芯取样和地表露头页岩样品取样及测试分析，查明页岩气吸附基质物质组成，重点查明吸附基质中矿物组成、化学组成、有机质含量等变化特征，揭示复杂构造区富集有机质页岩的孔隙特征等，为研究页岩气赋存机制、渗透机理及开采利用提供基础研究参考资料。希望为推动贵州页岩气的勘查及开发利用基础研究作出贡献。

本书的编写分工如下：第1~5章以及第10、11章由张杰教授、王沙讲师完成，第6~9章主要由毛瑞勇博士完成。矿业学院教师谢飞完成了相关数据测试，成奖国、李海兰完成部分资料整理、插图编辑。

感谢贵州省科技厅重大应用基础研究项目对书中研究工作及出版的资助。

感谢李希建教授、左宇军教授对本书出版的大力支持。

　　本书的大部分内容为作者多年辛勤工作的成果总结，希望本书的出版能对丰富页岩气成藏研究提供有价值的参考。

　　由于作者水平所限，书中不妥之处，敬请同行和读者批评指正。

作　者

2022 年 1 月

目　　录

1　页岩气储层物性研究的目的意义 ·············· 1

1.1　本书研究资料来源 ·················· 1

1.2　研究目的 ·················· 1

1.3　研究目标 ·················· 1

1.4　研究过程 ·················· 2

1.4.1　研究开展情况 ·················· 2

1.4.2　主要完成工作任务及技术路线 ·················· 3

2　研究区简要地质特征 ·················· 5

2.1　地质构造单元划分 ·················· 5

2.2　贵州下寒武统黑色页岩地质特征 ·················· 6

2.3　贵州奥陶系–志留系黑色页岩简要地质特征 ·················· 8

2.3.1　奥陶系 ·················· 8

2.3.2　志留系 ·················· 8

2.4　本章小结 ·················· 9

3　黑色页岩储层物质组成特征 ·················· 10

3.1　矿物组成特征 ·················· 11

3.1.1　黑色页岩显微镜下矿物成分（光薄片）鉴定 ·················· 11

3.1.2　X射线衍射分析（XRD） ·················· 20

3.1.3　扫描电镜配合能谱分析（SEM-EDAX） ·················· 25

3.1.4　电子探针分析（EPMA） ·················· 35

3.2　常量元素特征 ·················· 39

3.3　微量元素特征 ·················· 41

3.4　稀土元素组成及物质来源示踪特征 ·················· 44

3.5　本章小结 ·················· 48

4　黑色页岩有机质特征研究 ·················· 50

4.1　黑色页岩有机质丰度 ·················· 50

4.2　有机质类型 ·················· 53

4.3　有机质成熟度 ·················· 54

4.4　黑色页岩中有机碳含量与相关元素富集特征 ……………………………………… 54

5　页岩气储层微观孔隙结构特征 ……………………………………………………… 56

5.1　页岩气储层孔裂隙分类 ……………………………………………………………… 56

5.2　页岩气系统孔隙表征方法研究进展 ………………………………………………… 56

5.3　黑色页岩孔裂隙表征研究 …………………………………………………………… 57

　　5.3.1　储集空间类型及特征 ………………………………………………………… 57

　　5.3.2　孔隙结构特征 ………………………………………………………………… 68

　　5.3.3　黑色页岩孔隙分布特征 ……………………………………………………… 72

　　5.3.4　页岩气储层微观孔隙结构的控制因素 ……………………………………… 75

5.4　黑色页岩宏观裂隙特征 ……………………………………………………………… 76

6　黑色页岩有机质含量与相关矿物组成、富集特征 …………………………………… 78

6.1　有机质与矿物富集关系 ……………………………………………………………… 78

6.2　"有机质-矿物"集合体富集相关元素特征 ………………………………………… 81

6.3　"有机质-矿物"集合体与页岩气赋存关系 ………………………………………… 83

7　页岩气储层中有机质、黏土矿物及其演化特征 ……………………………………… 84

7.1　黔北页岩储层中有机质及黏土矿物特征 …………………………………………… 84

　　7.1.1　黏土矿物特征 ………………………………………………………………… 84

　　7.1.2　有机质物理化学特征 ………………………………………………………… 88

　　7.1.3　有机质赋存状态 ……………………………………………………………… 88

　　7.1.4　有机黏土复合体 ……………………………………………………………… 88

7.2　有机质和黏土矿物的演化特征 ……………………………………………………… 92

　　7.2.1　黏土矿物的成岩演化 ………………………………………………………… 92

　　7.2.2　有机质的演化 ………………………………………………………………… 96

7.3　黏土矿物对有机质生烃的催化作用 ………………………………………………… 97

　　7.3.1　黏土矿物的催化机理 ………………………………………………………… 97

　　7.3.2　黏土矿物催化反应影响因素 ………………………………………………… 98

7.4　"有机质-黏土矿物"集合体与页岩气储存关系 …………………………………… 99

　　7.4.1　"有机质-黏土矿物"集合体特征 …………………………………………… 99

　　7.4.2　"有机质-黏土矿物"集合体形貌、孔裂隙及微孔裂隙类型分布特征 …… 102

　　7.4.3　"有机质-黏土矿物"集合体对甲烷气体吸附实验及结果分析 …………… 102

7.5　黔北地区页岩储层生烃特征 ………………………………………………………… 103

7.6　本章小结 ……………………………………………………………………………… 104

8　黏土矿物与有机黏土复合体甲烷吸附特征 …………………………………………… 105

8.1　黏土矿物与有机黏土复合体对甲烷的高压等温吸附实验 ………………………… 105

　　8.1.1　吸附原理 …………………………………………………………………… 105

8.1.2　吸附实验 ·· 107

8.2　黏土矿物、黏土矿物与有机质复合结构模型构建 ·························· 110

8.2.1　黏土矿物晶胞结构、干酪根结构 ·· 110

8.2.2　黏土矿物与有机质复合结构模型 ·· 113

8.3　黏土矿物与复合结构体系的甲烷吸附模拟研究 ····························· 115

8.3.1　复合结构体系的优化 ··· 115

8.3.2　模拟软件和参数 ·· 116

8.3.3　甲烷在黏土矿物中的吸附 ··· 116

8.3.4　甲烷在复合结构体系中的吸附 ·· 117

8.4　黏土矿物与复合结构体系的甲烷吸附性能对比分析 ······················ 117

8.4.1　蒙脱石及蒙脱石干酪根复合结构对比研究 ······························ 117

8.4.2　伊利石及伊利石干酪根复合结构对比研究 ······························ 119

8.4.3　绿泥石及绿泥石干酪根复合结构对比研究 ······························ 120

8.5　本章小结 ··· 122

9　有机质和黏土矿物对页岩气赋存的影响分析 ·································· 123

9.1　有机质和黏土矿物对页岩气富集影响分析 ··································· 123

9.1.1　对吸附态页岩气聚集的影响 ··· 123

9.1.2　对游离态页岩气聚集的影响 ··· 125

9.2　黔北页岩气储层中有机质-黏土矿物对含气性影响分析 ··················· 127

9.2.1　控制方程及参数设定 ··· 127

9.2.2　结果及讨论 ·· 128

9.3　本章小结 ··· 133

10　牛蹄塘组与五峰组-龙马溪组页岩气储层某些特征对比 ·············· 135

10.1　矿物成分特征 ··· 135

10.1.1　显微镜下观察分析特征 ·· 135

10.1.2　XRD 分析 ·· 140

10.1.3　电子探针测试分析特征 ·· 141

10.2　化学组分特征 ··· 145

10.2.1　常量元素组分特征 ··· 145

10.2.2　微量元素组成特征 ··· 146

10.2.3　稀土元素组成特征 ··· 147

10.3　有机地球化学参数特征 ·· 148

10.3.1　黑色页岩有机质丰度 ·· 148

10.3.2　有机质类型 ·· 149

10.3.3　有机质成熟度特征 ··· 152

10.4　孔隙特征分析 ··· 152

10.5　页岩气赋存指标特征对比分析 ·· 152

10.6 本章小结 ·· 153

11 主要结论与建议 ··· 154

11.1 主要结论 ··· 154

11.1.1 黑色页岩储层物质组成特征 ··· 154

11.1.2 研究区黑色页岩有机质特征 ··· 154

11.1.3 页岩气储层微观孔隙结构特征 ····································· 155

11.1.4 "有机质−黏土矿物"集合体形貌、孔隙、裂隙及微孔裂隙类型发育
分布特征 ··· 155

11.1.5 "有机质−无机矿物"集合体特征及与金属元素、有机质富集 ········ 155

11.1.6 "有机质−黏土矿物"集合体特征及对页岩气赋存特征 ············· 156

11.1.7 有机质演化与矿产资源富集 ··· 156

11.2 后续工作计划 ·· 157

参考文献 ··· 158

1　页岩气储层物性研究的目的意义

基于钻孔岩芯取样、地表露头页岩样品取样及测试分析，查明页岩气吸附基质物质组成，重点查明吸附基质中矿物组成、化学组成、有机质含量等变化特征，揭示复杂构造区富集有机质页岩的孔隙特征，为页岩气赋存机制研究、渗透机理研究及开采利用提供基础资料。

1.1　本书研究资料来源

本书研究资料来源于贵州省科技厅重大应用基础研究项目"贵州复杂构造区页岩气赋存与渗透机制研究"的子课题"页岩气富集储层物性研究"。项目编号：黔科合 JZ 字〔2014〕2005。

1.2　研 究 目 的

贵州省黑色页岩分布广、层位多，由老而新包括上震旦统灯影组、下寒武统牛蹄塘组、上奥陶统五峰组、下志留统龙马溪组、下石炭统大塘组、下二叠统龙吟组等[1]。其中下寒武统牛蹄塘组黑色页岩厚度大且分布稳定，属烃源岩类，与北美 Barnett 页岩在页岩气形成条件上有许多相似之处，是页岩气勘探开发的新领域。尽管贵州省页岩气地质资源量丰富，但由于黑色页岩地区地质构造复杂，页岩气的生成、富集、赋存及运移规律也相对复杂，导致勘探开发难度相对较大。贵州地区页岩气相关研究多集中于黔北地区，主要为气藏地质条件和评价方面的研究。本书针对黑色页岩储层性质、有机质方面进行了相关研究，以期为牛蹄塘组黑色页岩中页岩气存储研究提供参考。黑色页岩储层岩性、矿物组成特征等对页岩孔隙类型与空间变量有着重要影响，有机质作为黑色页岩生气的物质基础，对生烃强度、页岩吸附气含量均有重要控制作用。

研究黑色页岩储层矿物组成、岩性特征、孔裂隙发育特征、有机质组成及演化特性，可为深入了解贵州地区黑色页岩特征以及贵州部分地区页岩气勘探研究工作提供基本参考依据。同时也对我国其他地区黑色页岩的研究工作具有一定的借鉴及参考意义。

1.3　研 究 目 标

本书主要研究目标如下：

（1）页岩气储层物质组成研究。野外采取黔北、黔东南的典型页岩样（钻孔及地表浅部样品），采用显微镜镜下鉴定结合 SEM 配合 EDX 能谱分析、XRD 分析及 X 射线荧光光谱分析等，确定页岩样品无机矿物成分及页岩有机物质组成，并采用化学分析、ICP-MS 等方法查明页岩样品的化学成分及微量元素、稀土元素含量变化特征。

（2）富有机质页岩无机矿物与有机物质结合关系研究。采用现代分析方法，查明富有机质页岩中无机矿物与有机物质的结合关系；开展 TOC、Rock-Eval、GC-MS 等分析，获得页岩样品有机质丰度、类型和成熟度特征，查明页岩含气性与有机质特性规律。

（3）页岩孔隙与结构特征研究。采用显微结构分析、N₂吸附脱附法等对页岩样品的孔隙结构进行表征，开展样品的宏观与微观结构特征分析，掌握页岩样品的孔隙裂隙与结构发育特征及其孔隙分布特征。通过孔隙度和渗透率分析，查明孔隙度和渗透率间的相关规律，重点研究页岩孔隙度与有机质丰度之间的关系。

（4）富有机质黏土矿物与页岩气关系研究。

（5）龙马溪-五峰组与牛蹄塘组储层特性及页岩气赋存特征对比。

1.4 研究过程

1.4.1 研究开展情况

本书在对国内外黑色页岩资源研究资料的收集、整理和研究的基础上，开展了对贵州北部、东部、中部下寒武统牛蹄塘组黑色页岩的研究，进行了野外调研、样品采集和测试及测试结果分析等工作，查明研究区下寒武统黑色页岩物质组成特征、黑色页岩中有机质特征、有机质演化及与矿产资源的联系，进行了黑色页岩资源利用探讨。主要开展了如下几个方面的研究工作：

（1）研究区域简要地质特征。收集研究区域的基本地质资料，了解研究区地理位置、地貌、水系和气候特征以及交通状况，开展研究区域大地构造特征研究，确定研究区域构造单元。通过分析前人研究资料及野外调研观察，了解研究区域下寒武统牛蹄塘组黑色页岩地质特征。

（2）研究区域黑色页岩物质组成特征。将采集的具有代表性的剖面露头样品及钻孔岩芯样品进行分析测试，含 X 射线荧光光谱分析（XRF）、电感耦合等离子体发射光谱（ICP-AES）、电感耦合等离子体质谱（ICP-MS）、岩石薄片鉴定、X 射线衍射分析、扫描电镜配合能谱分析、电子探针分析等方法。查明研究区域牛蹄塘组黑色页岩化学组分、微量元素富集、稀土元素以及沉积环境特征，同时对黑色页岩的矿物组成等进行分析。

（3）研究有机质特征、有机质演化与页岩气赋存。从有机地球化学方面着手，利用有机碳含量、生烃潜量、岩石热解、显微组分分析、扫描电镜配合能谱分析、镜质体反射率等指标对贵州下寒武统牛蹄塘组黑色页岩有机质丰度、有机质类型、有机质成熟度等特征进行较为系统的研究，以确定研究区域牛蹄塘组黑色页岩有机质演化阶段及特征。

（4）研究页岩气储层微观孔隙结构特征。

（5）"有机质-矿物"复合体、"有机质-黏土矿物"复合体对页岩气赋存状态控制。

（6）龙马溪-五峰组与牛蹄塘组储层特性及页岩气赋存特征对比。

（7）有机质与矿产资源利用。据研究区域黑色页岩化学组分、微量元素、矿物组成、有机质特征，分析研究区域黑色页岩中有机质与页岩气成藏关系及毕节织金黑色页岩近底部多金属元素与有机质演化关系，寻求黑色页岩资源综合利用方向。

研究工作大致分为3个阶段：

第一阶段工作主要为研究资料的收集和整理、野外调研取样以及样品的处理。充分收集国内外黑色页岩相关研究资料，了解黑色页岩研究现状。收集研究区域构造、地层资料。开展野外调研和取样工作，获得实地沉积环境及构造特征认识。制定合理的实验研究方案。

第二阶段主要为样品的测试及数据的分析处理。对采集的样品进行常量元素、微量元素、稀土元素含量测定，进行岩石薄片鉴定、X射线衍射分析、扫描电镜配合能谱分析、电子探针分析确定研究区域黑色页岩矿物形态、成分、含量特征。测定样品有机碳含量、生烃潜量、镜质体反射率，进行岩石热解分析、显微组分分析、扫描电镜配合能谱分析。整体把握研究区域黑色页岩有机质特征及其演化现状。研究有机质与页岩气成藏、金属元素、黏土矿物间关系，以及黑色页岩资源利用。

第三阶段总结研究成果、进行研究报告撰写。

研究采用的技术方法如下：

以贵州下寒武统牛蹄塘组黑色页岩为主要研究对象，收集前人研究资料，从野外调研入手，观察下寒武统黑色页岩野外露头和钻井岩芯，分析野外调研和钻井岩芯取得的样品，通过岩石薄片鉴定、X射线衍射分析、扫描电镜分析、电子探针分析、化学分析等手段研究黑色页岩的物质组成特征，结合有机质丰度、类型、成熟度等有机地球化学分析结果综合分析贵州下寒武统牛蹄塘组黑色页岩的生烃潜力和储集性能，探索页岩气储层微观孔隙结构特征及对页岩气的控制影响，研究并探讨有机质与金属元素、黏土矿物的联系，开拓黑色页岩资源综合利用新方向。

1.4.2 主要完成工作任务及技术路线

本书主要完成了以下工作任务：研究过程中查阅了大量文献，并对相关资料进行了研究整理；分别在遵义凤冈、黔东南岑巩、毕节织金及开阳双流等地进行了野外实地考察和调研取样，采集了遵义凤冈和黔东南岑巩岩芯样品及毕节织金剖面露头样品；通过研究资料整理和实地考察，以及绘制研究区域地层柱状图等，对采集的样品进行了整理和预处理，然后送样进行检测分析。

研究技术路线见图1-1。

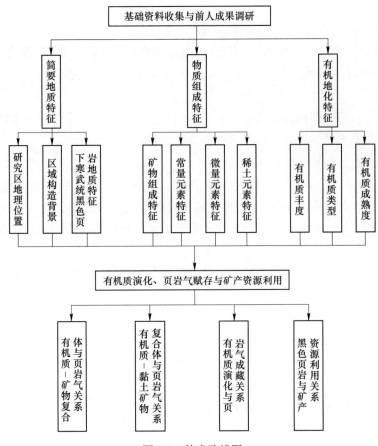

图 1-1 技术路线图

2 研究区简要地质特征

本书研究区主要选择贵州北部、东部及中部地区，包括黔北凤冈和张安、黔东南岑巩、毕节大方、织金地区及开阳双流等部分黑色页岩分布地区。

2.1 地质构造单元划分

构造单元是在板块活动控制下产生的从板块边缘到板块内部的一系列有规律展布的地质构造区域，不同构造单元具有明显不同的地壳物质组成、构造组合以及地球物理和地球化学场。据基底性质的差异，贵州可划分为扬子准地台和华南褶皱带两个一级构造单元。其中扬子准地台以前震旦系为基底，陆壳形成时间早于华南褶皱带，华南褶皱带以前泥盆系为基底。据不同时期不同地区地壳类型不同程度的变化，以及同一时期不同的构造变形特点，又划分出若干次级构造单元，含 3 个二级单元、2 个三级单元以及 7 个四级单元。贵州构造单元划分如图 2-1 所示。

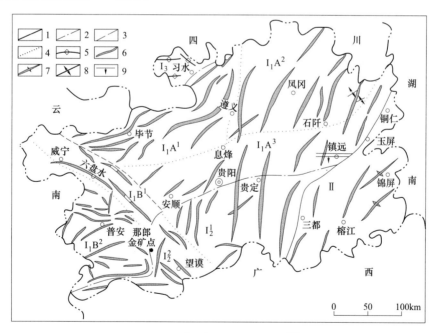

图 2-1 贵州构造单元划分图[2]

1—一级单元界线；2—二级单元界线；3—三级单元界线；4—四级单元界线；5—喜马拉雅期背斜；6—燕山期背斜；
7—加里东期背斜；8—武陵期背斜；9—东西向断层；Ⅱ—华南褶皱带；I_3—四川台坳；I_1A^1—毕节 NE 向构造变形区；
I_1A^2—凤冈 NNE 向构造变形区；I_1A^3—贵阳复杂构造变形区；I_1B^1—威宁 NW 向构造变形区；
I_1B^2—普安旋扭构造变形区；I_2^1—贵定 SN 向构造变形区；I_2^2—望谟 NW 向构造变形区

遵义位于扬子准地台。二级构造单元为黔北台隆，含毕节北东向构造、凤冈北北东向构造、贵阳复杂构造三个构造变形区。区域内出露地层有震旦系上统，寒武系，二叠系，三叠系，侏罗系下、中统及第四系，石炭系和泥盆系缺失，部分地区仅有志留系下统分布，震旦系上统和侏罗系中统出露不全[2]。

黔东南岑巩属扬子准地台黔北台隆贵阳复杂构造变形区，区内构造以北东向和北北东向为主。出露地层主要以奥陶系、第四系、寒武系为主，其北东和西北区可见前震旦系变质碎屑岩[3]。

毕节织金地处扬子准地台黔北台隆遵义断拱贵阳复杂构造变形区和毕节北东向构造变形区交接处。区内出露地层包括三叠系、二叠系、寒武系、奥陶系、震旦系、第四系和侏罗系，出露最为广泛属三叠系和二叠系。

2.2　贵州下寒武统黑色页岩地质特征

贵州下寒武统黑色页岩资源丰富，发育范围较为广泛，主要分布于扬子准地台东部、黔中隆起北部、西北部至东北侧一带。贵州遵义松林、天峨山、金鼎山，黔东南天柱、麻江、贵阳清镇、开阳、毕节纳雍、毕节织金等地区均见相关研究报道。西部地区黑色页岩有关报道则较为少见。

黔北遵义等地下寒武统牛蹄塘组黑色页岩上覆地层为明心寺组深灰色薄-中层状泥岩，夹浅灰色泥质粉砂条带。牛蹄塘组黑色页岩分为三段，如图 2-2 所示，上段为深灰色薄-中层状泥岩，夹浅灰色泥质粉砂条带，厚度约为 6.24m；中段为灰黑色薄-中层状碳质泥岩，厚度约为 20.72m，夹灰色灰质粉砂岩；下段为黑色薄-中层状碳质泥岩，厚度约为 73.14m；底部还含深灰色泥质灰岩和深灰色硅质泥岩。

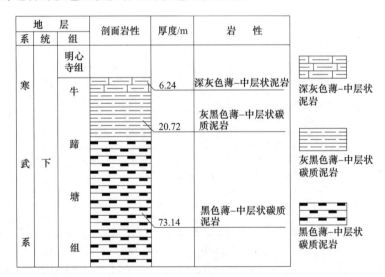

图 2-2　遵义下寒武统黑色页岩柱状图

黔东南下寒武统牛蹄塘组黑色页岩上覆地层为九门冲组深灰色泥灰岩与灰黑色泥岩互

层，厚度约为31m；牛蹄塘组以深灰色泥页岩为主，底部夹深灰色硅质页岩，厚度约为59.4m。其下伏地层为老堡组黑色硅质泥岩，厚度约为18.6m，如图2-3所示。

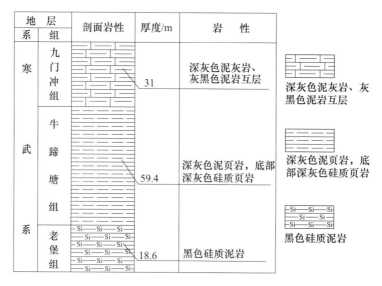

图2-3 黔东南下寒武统黑色页岩柱状图

毕节织金戈仲武和打麻厂地区下寒武统牛蹄塘组黑色页岩地层具有不同特征，如图2-4所示，戈仲武地区上段为碳质页岩，厚38~45.1m；碳质页岩下段为厚0.2~0.5m的多金属层，其下为胶状磷铀矿层。牛蹄塘组下伏地层为戈仲武组磷矿层，厚约20.16m。牛蹄塘组和戈仲武组交界带为硅磷过渡层。打麻厂地区牛蹄塘组上段为碳质页岩，厚38~40m；下部为厚约0.2m的多金属层，牛蹄塘组页岩与戈仲武组磷矿交界带为风化磷矿层。

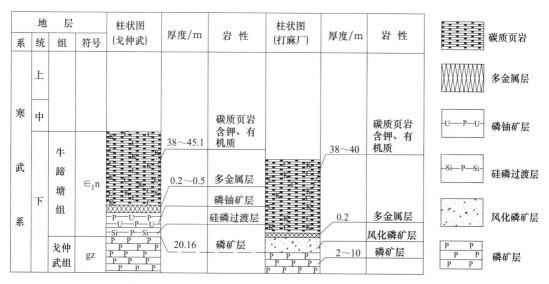

图2-4 毕节织金下寒武统黑色页岩柱状对比图

2.3 贵州奥陶系-志留系黑色页岩简要地质特征

地层柱状简图见图2-5。

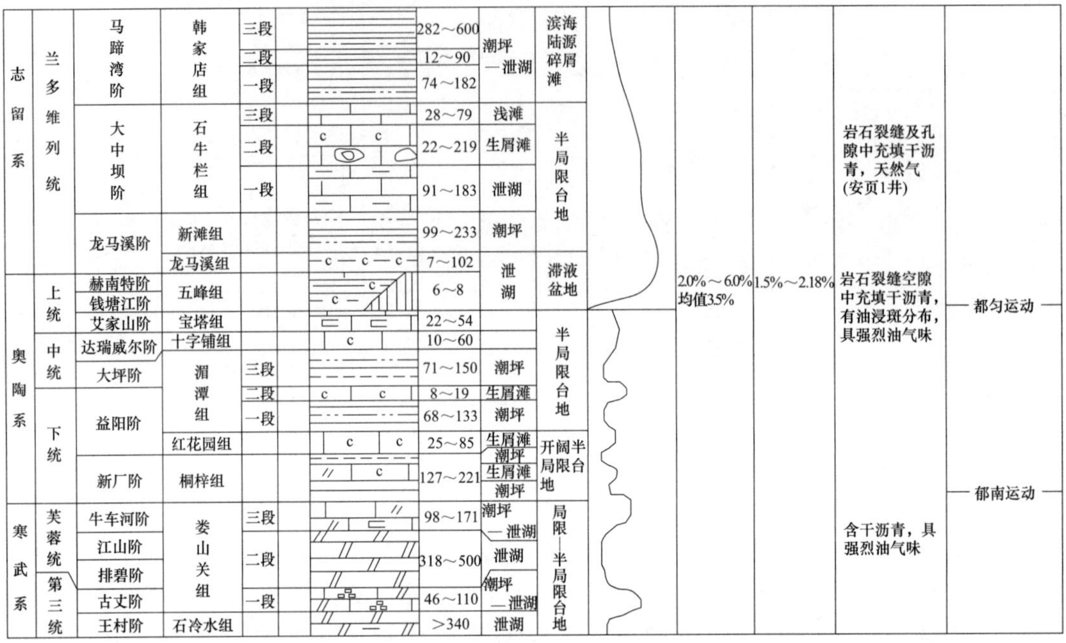

系	统	阶	组	段	厚度/m	沉积相	沉积环境	TOC	特征描述	构造运动
志留系	兰多维列统	马蹄湾阶	韩家店组	三段	282~600	潮坪—泻湖	滨海陆源碎屑滩			
				二段	12~90					
				一段	74~182					
		大中坝阶	石牛栏组	三段	28~79	浅滩	半局限台地		岩石裂缝及孔隙中充填干沥青，天然气（安页1井）	
				二段	22~219	生屑滩				
				一段	91~183	泻湖				
		龙马溪阶	新滩组		99~233	潮坪				
			龙马溪组		7~102	泻湖	滞液盆地	2.0%~6.0% 均值3.5% 1.5%~2.18%	岩石裂缝空隙中充填干沥青，有油浸斑分布，具强烈油气味	都匀运动
奥陶系	上统	赫南特阶 钱塘江阶	五峰组		6~8	泻湖				
		艾家山阶	宝塔组		22~54		半局限台地			
	中统	达瑞威尔阶	十字铺组		10~60					
		大坪阶	湄潭组	三段	71~150	潮坪				
				二段	8~19	生屑滩				
	下统	益阳阶		一段	68~133	潮坪				
			红花园组		25~85	生屑滩 潮坪	开阔半局限台地			
		新厂阶	桐梓组		127~221	生屑滩 潮坪				郁南运动
寒武系	芙蓉统 第三统	牛车河阶	娄山关组	三段	98~171	潮坪—泻湖	局限 半局限台地			
		江山阶		二段	318~500	泻湖			含干沥青，具强烈油气味	
		排碧阶				潮坪				
		古丈阶		一段	46~110	潮坪—泻湖				
		王村阶	石冷水组		>340	泻湖				

图2-5　黔北正安奥陶系-志留系黑色页岩地层柱状对比图

2.3.1 奥陶系

下奥陶统桐梓组与红花园组，岩性为灰色生屑灰岩、生屑白云岩夹泥岩，厚150~325m。红花园组以礁、滩为典型特征，多见海百合滩、腕足碎屑滩及海绵礁。

中奥陶统湄潭组灰绿色泥岩夹生屑灰岩条带，上部砂岩夹层渐多，生物以三叶虫、腕足较为丰富，厚145~345m。十字铺组岩性为灰色厚层-块状灰岩、生屑灰岩，厚12~65m。

上奥陶统宝塔组岩性比较特殊，该组又称为"马蹄"灰岩。岩性为灰、浅紫色龟裂纹生屑灰岩和泥质瘤状灰岩，含丰富的角石、三叶虫等化石，厚0~30m，为页岩气层底板。五峰组岩性主要为黑色碳质泥岩、含粉砂质碳质泥岩，富含笔石，厚5~15m，为页岩气层。顶部观音桥组生屑灰岩、碳质灰岩，四射珊瑚、赫南特贝、达尔曼虫为该地层的主要生物组合，除此还可见海百合茎碎片。

2.3.2 志留系

志留系龙马溪组受到黔中古隆起的影响，南部地区沉积缺失及剥蚀，地层发育不全；北部地区地层完整。该组下部为灰黑-黑色碳质泥岩，富笔石，厚25~35m，为主要页岩气层。

新滩组岩性为深灰-灰色泥岩、粉砂岩夹条带状、透镜状灰岩，厚120~180m，是页岩气层顶板。

石牛栏组岩性主要为浅灰、灰色中-厚层状生物屑灰岩、含生屑泥质瘤状灰岩夹泥灰泥岩与钙质泥岩等，厚 45~160m，见有珊瑚、海百合、腕足、双壳等化石。

韩家店组岩性为紫红、灰绿色中薄层粉砂质页岩，厚 380~645m，偶夹粉砂岩及灰岩透镜体，潮汐层理发育，产珊瑚、腕足及三叶虫等化石。

2.4 本 章 小 结

（1）研究区域主要包括黔北凤冈等地、黔东南岑巩及黔西织金等三个地区，地势整体为西高东低；地貌有溶蚀地貌、溶蚀构造地貌和侵蚀地貌三大类型；均属亚热带季风性气候区，境内水系较为发育，交通十分便利。

（2）贵州位于阿尔卑斯-特提斯新生代造山带和东亚中生代造山带之间，由地史上两次构造运动先后产生的扬子准地台与华南褶皱带"焊接"而成。经多次构造活动和多种地质事件，贵州形成了具有地层发育齐全、古生物化石丰富、碳酸盐岩广布、火成岩零星分布、层状浅变质岩发育和侏罗式褶皱典型等特征的地质景观。

（3）贵州一级构造单元为扬子准地台和华南褶皱带。遵义位于扬子准地台。二级构造单元为黔北台隆，含毕节北东向构造、凤冈北北东向构造、贵阳复杂构造三个构造变形区。黔东南岑巩属扬子准地台黔北台隆贵阳复杂构造变形区，区内构造以北东向和北北东向为主。毕节织金地处扬子准地台黔北台隆遵义断拱贵阳复杂构造变形区和毕节北东向构造变形区交接处。

3 黑色页岩储层物质组成特征

开展黔北、黔东、织金等研究区黑色页岩物质组成研究工作，主要包括矿物组成特征（通过显微镜下分析鉴定、XRD 分析及电子探针分析等）和化学组成特征（利用 XRF 荧光光谱分析测定常量元素分布特征，利用 ICP-MS 分析测定微量元素组成特征）研究。

黑色页岩是常见的烃源岩，它与多种重金属元素的迁移与富集有关。黑色页岩的物质组成特征研究，有助于了解黑色页岩沉积环境。本书所述及的相关研究样品采自遵义凤冈凤参 1 井、黔东南岑巩天马 1 井和毕节织金牛蹄塘组黑色岩系野外露头，从中挑选出 11 个较为典型的样品进行常量元素、微量元素和稀土元素的测试分析。其中遵义凤冈凤参 1 井有 FG-1、FG-4 两个岩芯样品，属黑色碳质页岩，见图 3-1；岑巩天马 1 井有 Tm-2、Tm-4、Tm-7 三个岩芯样品，属深灰色泥岩见图 3-2；毕节织金野外露头有 MH-A、MH-B、YH-1、YH-2、DH-A、DZH-1、YZF 七个样品，剖面露头情况如图 3-3 所示。岩芯取样位置、深度及含气情况如表 3-1 所示。

图 3-1 凤参 1 井取样岩芯

图 3-2 天马 1 井取样岩芯

图 3-3 彩图

图 3-3 黑色页岩地表取样(毕节织金)

表 3-1 岩芯取样位置与深度

编 号	取样位置	取样深度/m	气含量/$m^3 \cdot t^{-1}$
MH-A	毕节织金马家桥	剖面露头	—
MH-B	毕节织金马家桥	剖面露头	—
YH-1	毕节织金新华	剖面露头	—
YH-2	毕节织金新华	剖面露头	—
DH-A	毕节织金打麻厂	剖面露头	—
DZH-1	毕节织金熊家场	剖面露头	—
YZF	毕节织金戈仲武	剖面露头	—
Tm-2	天马一井	1430.61	1.0
Tm-4	天马一井	1447.27	1.0
Tm-7	天马一井	1476.43	1.1
FG-1	凤参一井	2447.18	1.1
FG-4	凤参一井	2496.15	1.1

3.1 矿物组成特征

前人研究表明常见页岩组成矿物主要是脆性矿物和黏土矿物,脆性矿物多为石英、黄铁矿等,黏土矿物多为伊利石、高岭石、蒙脱石、绿泥石等。脆性矿物对页岩储层孔隙裂隙发育和后期页岩气开采过程中压裂改造有着重要影响。黏土矿物则与页岩气的生成和储集密切相关。本书所述研究利用显微镜光薄片鉴定、X 射线衍射分析(XRD)、扫描电镜配合能谱分析以及电子探针分析等手段,查清了研究区域矿物组成特征。

3.1.1 黑色页岩显微镜下矿物成分(光薄片)鉴定

为确定矿石的矿物组成成分,进行镜下矿物鉴定。选取有代表性的样品送至中科院贵阳地化所制得薄片、光片及砂光片,在奥林巴斯透反射偏光显微镜(型号:CX21P)下观察,矿物组成薄片、光片分析鉴定结果如下:

遵义凤冈黑色页岩矿物组成及形态见图 3-4。图 3-4(a)(b)(c)和(d)(e)(f)分别为同

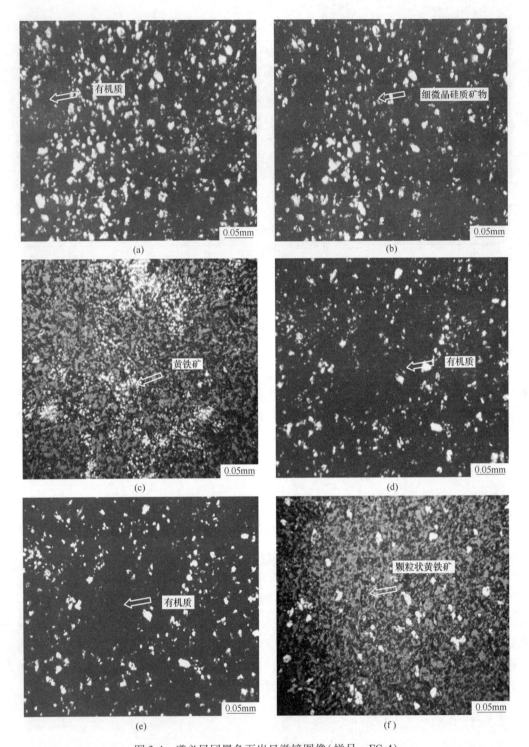

图 3-4　遵义凤冈黑色页岩显微镜图像(样号：FG-4)

（a）黑色页岩（-），20×，其中浅灰色为矿物；（b）黑色页岩（+），20×，见细微晶硅质矿物；
（c）黑色页岩，反射光，20×，可见细微粒分散状、团粒状黄铁矿；（d）黑色页岩（+），20×，黑色主要为有机质；
（e）黑色页岩（+），20×，主要见有机质；（f）黑色页岩，反射光，20×，可见细颗粒状黄铁矿一视域的单偏光、正交偏光和反射光下矿物形态。单偏光下黑色，反射光为灰色、灰褐色主要为有机质，见图 3-4(a)(d)(e)。石英在单偏光下呈浅灰色，旋转载物台有时明时暗的变化，图 3-4（b）中见细微晶硅质矿物。黄铁矿为不透明矿物，反射光下呈亮黄色。图 3-4（c）中可见细微粒分散状、团粒状黄铁矿，图 3-4（f）中可见细颗粒状黄铁矿。

黔东南岑巩黑色页岩矿物组成及形态见图 3-5。图 3-5（a）中可见碳酸盐矿物，

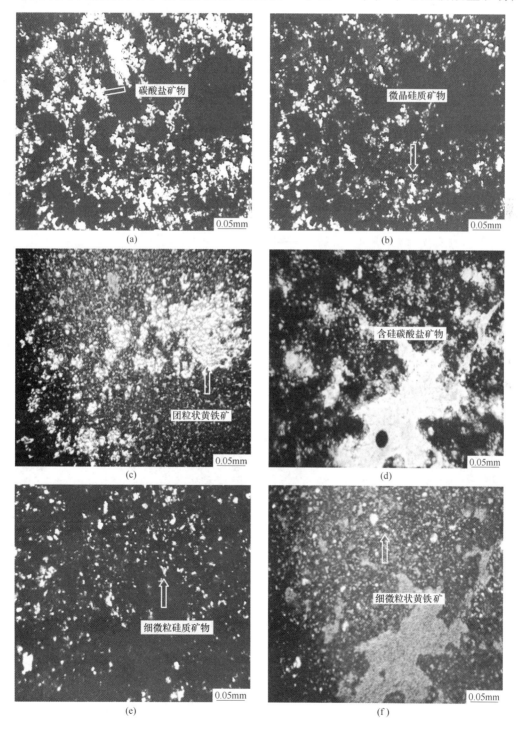

(a)

(b)

(c)

(d)

(e)

(f)

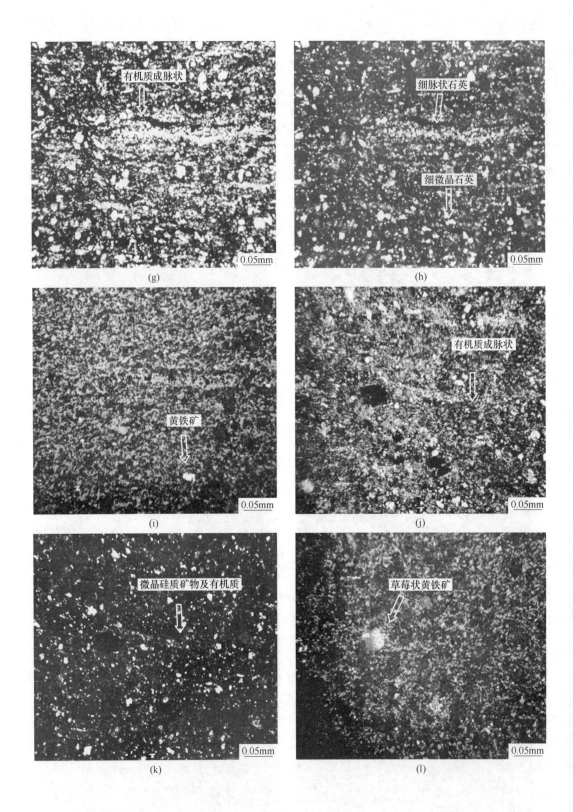

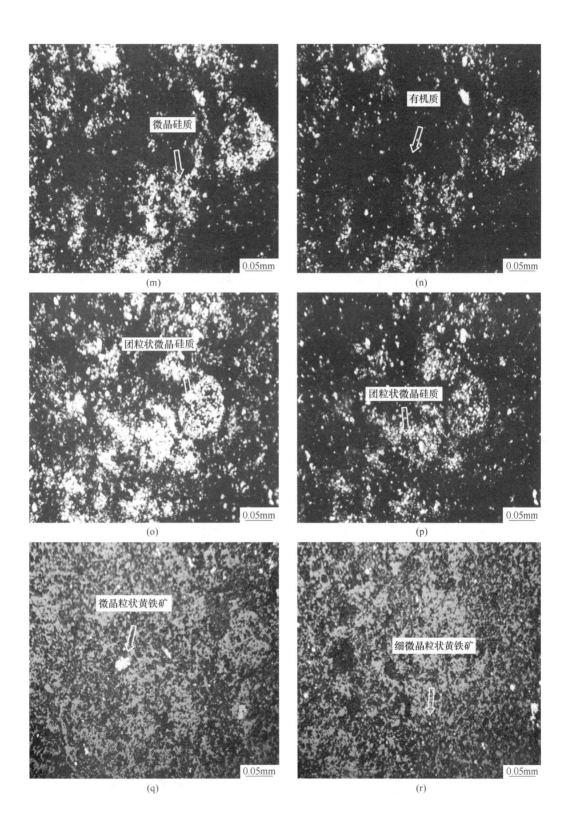

(m)

(n)

(o)

(p)

(q)

(r)

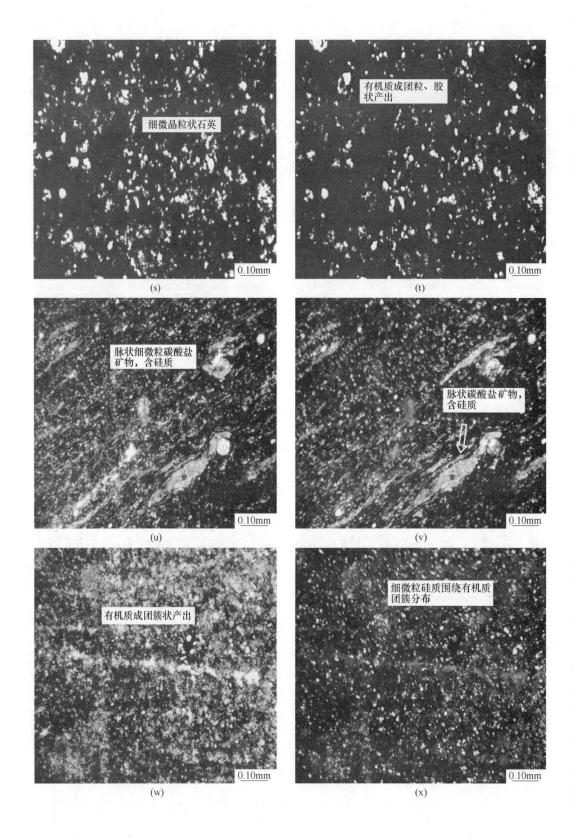

(s)　　　　　　　　　　　　　　(t)

(u)　　　　　　　　　　　　　　(v)

(w)　　　　　　　　　　　　　　(x)

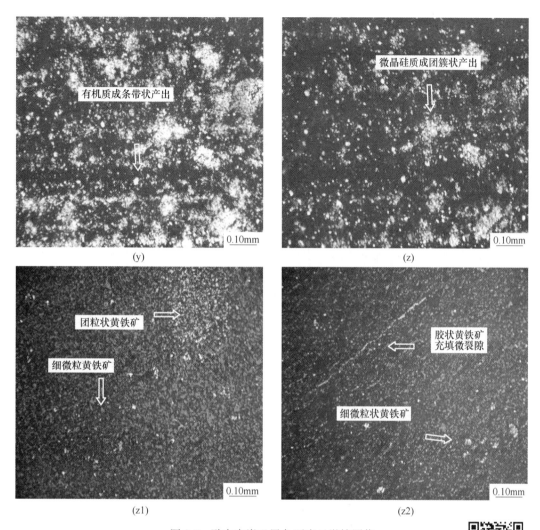

图 3-5　黔东南岑巩黑色页岩显微镜图像

（a）黔东南岑巩天马 Tm-2 号黑色页岩样品（-），20×，可见碳酸盐矿物；（b）天马 Tm-2 号样品（+），20×，见浅灰色微粒硅质矿物；（c）天马 Tm-2 号样品，反射光，20×，见团粒状黄铁矿；（d）天马 Tm-2 号样品（+），20×，见有机质；（e）天马 Tm-2 号样品（-），20×，见浅灰色微粒硅质矿物；（f）天马 Tm-2 号样品，反射光，20×，可见细粒状黄铁矿产出；（g）天马 Tm-4 号样品（-），20×，见有机质成脉状分布；（h）天马 Tm-4 号样品（+），20×，见细微石英脉和微细石英颗粒；（i）天马 Tm-4 号样品，反射光，20×，可见细微粒状黄铁矿产出；（j）天马 Tm-4 号样品（-），20×，见有机质成脉状；（k）天马 Tm-4 号样品（+），20×，见无定形有机质；（l）天马 Tm-4 号样品，反射光，20×，可见草莓状黄铁矿；（m）天星 TX-2 号样品（-），20×，见硅质以细微颗粒状、团粒团簇状产出；（n）天星 TX-2 号样品（+），20×，见有机质产出；（o）天星 TX-4 号样品（-），20×，见团粒状硅质岩，周围见有机质包裹；（p）天星 TX-4 号样品（+），20×，见团粒状硅质岩；（q）天星 TX-2 号样品，反射光，20×，见微晶粒状黄铁矿；（r）天星 TX-2 号样品，反射光，20×，见细微晶粒状黄铁矿；（s）天星 TX-2 号样品（-），10×，见细微晶石英产出；（t）天星 TX-4 号样品（+），10×，有机质成团粒、胶状产出；（u）天星 TX-4 号样品（-），10×，脉状细微粒碳酸盐矿物，含硅质；（v）天星 TX-4 号样品（-），10×，脉状含硅质碳酸盐矿物；（w）天星 TX-4 号样品（-），10×，见有机质成团簇状产出；（x）天星 TX-4 号样品（+），10×，细微粒硅质围绕有机质团簇分布；（y）天星 TX-4 号样品（-），10×，有机质成条带状产出；（z）天星 TX-4 号样品（+），10×，微晶硅质成团簇状产出；（z1）天星 TX-2 号样品，反射光，10×，见细粒、团粒状黄铁矿；（z2）天星 TX-4 号样品，反射光，10×，细微脉状黄铁矿

图 3-5 彩图

图3-5（b）（e）（k）中可见浅灰色微粒硅质矿物，图3-5（h）中可见细脉状石英。图3-5（a）中发现黄褐色碳酸盐矿物。图3-5（c）可见团粒状黄铁矿，图3-5（f）（i）可见细微粒状黄铁矿产出，图3-5（l）可见草莓状黄铁矿。图3-5（k）中可见无定形有机质。

岑巩天星TX-2号和TX-4号样品中，普遍见微晶石英，硅质以细微颗粒状、团粒团簇状产出（图3-5(g)(m)(o)(p)等），也多见成细微粒脉状分布；见团簇状、细微脉状硅质（石英）脉中混有碳酸盐矿物；有机质主要见成团簇状、脉状分布，也成细微脉围绕团粒、团簇硅质矿物分布（图3-5(u)(v)(w)(x)(y)等）。岩石颗粒细微，以极细粒级、黏土级粒级分布为主。

样品中见有细微粒黄铁矿、团簇状黄铁矿及细微脉状黄铁矿分布，主要以细微粒状分布为主，如图3-5（z1）（z2）所示。

图3-6为毕节织金黑色页岩矿物组成及形态显微镜图像，图3-6(b)(d)(h)见硅质矿物和碳酸盐矿物产出，且图3-6（b）中硅质矿物和碳酸盐矿物为共生关系。图3-6（c）中黑色系条带状物质为有机质，图3-6（e）中褐色、黑色物质为有机质。图3-6（i）可见团块状黄铁矿。图3-6（k）中见碳酸盐矿物产出。

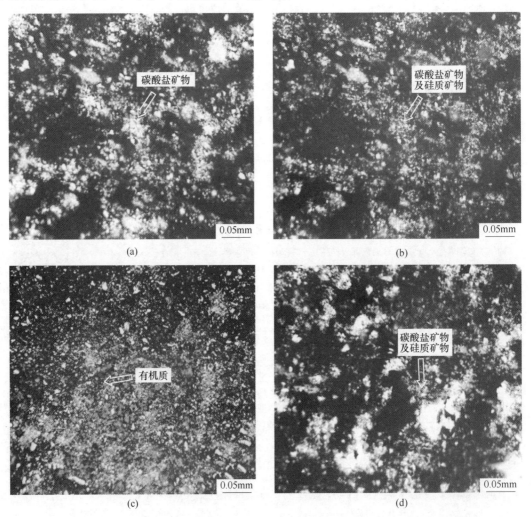

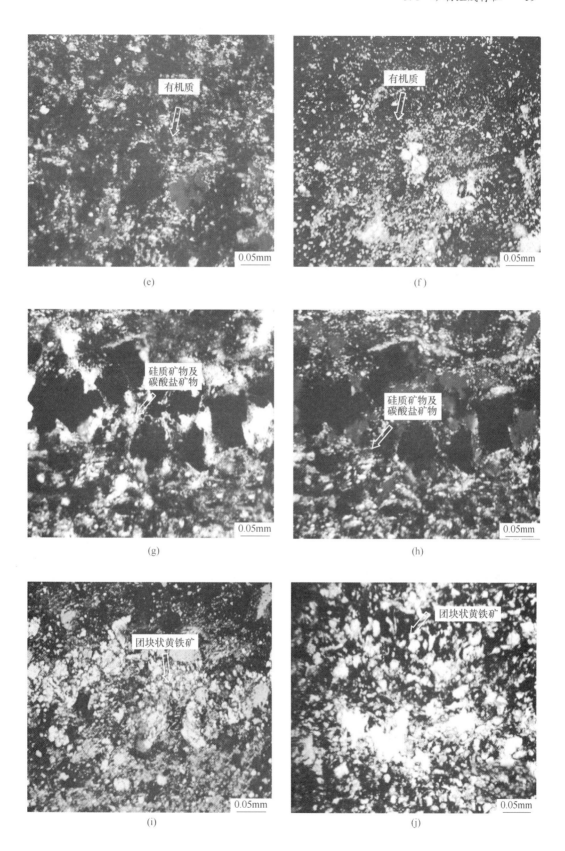

(e)

(f)

(g)

(h)

(i)

(j)

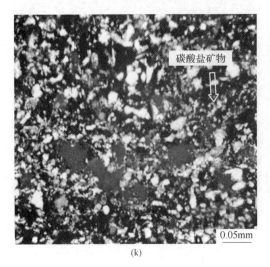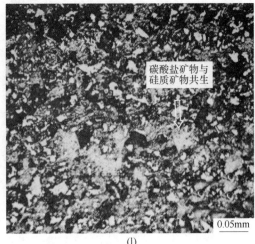

图 3-6 毕节织金黑色页岩显微镜图像

（a）MH-B 号样品（-），20×，见碳酸盐矿物；（b）MH-B 号样品（+），20×，见碳酸盐矿物及硅质矿物；
（c）MH-B 号样品，反射光，20×，见有机质产出；（d）MH-B 号样品（-），20×，碳酸盐矿物及硅质矿物混生；
（e）MH-B 号样品（+），20×，见有机质及硅质矿物产出；（f）MH-B 号样品，反射光，20×，有机质混杂硅质矿物；
（g）MH-B 号样品（-），20×，硅质矿物及碳酸盐矿物产出；（h）MH-B 号样品（+），20×，硅质矿物及碳酸盐矿物共生；
（i）MH-B 号样品，反射光，20×，团块状黄铁矿；（j）YH-b 号样品（-），20×，团块状黄铁矿；（k）YH-b 号样
品（+），20×，碳酸盐矿物与硅质矿物共生；（l）YH-b 号样品（-），20×，碳酸盐矿物与硅质矿物共生

由遵义凤冈、黔东南岑巩和毕节织金黑色页岩显微镜光薄片鉴定结果可知，研究区黑色页岩中均含有黄铁矿，反射光下为亮黄色，呈细微粒分散状、团粒状、团块状及草莓状产出。三个研究区黑色页岩中均含有有机质，有机质在单偏光下呈黑色，反射光下为灰色、灰褐色。黑色页岩中均可见浅灰色硅质矿物，毕节织金黑色页岩中存在硅质矿物和碳酸盐矿物共生。

3.1.2 X 射线衍射分析（XRD）

选取具代表性的黑色页岩样品进行 X 射线粉晶衍射（XRD）分析，该项测试在中国石油勘探开发研究院地质实验室研究中心完成。测试结果见表 3-2。

表 3-2 黑色页岩 X 射线衍射分析结果 （%）

样品编号	矿物种类和含量						黏土矿物含量	黏土矿物相对含量			
	石英	钾长石	钠长石	方解石	白云石	黄铁矿		伊蒙混层	伊利石	高岭石	绿泥石
FG-1	27.4	—	18.4		5.8	5.8	42.6		100	—	—
FG-4	47.2	2.8	23.9	—	—	9.1	17		100	—	—
Tm-2	38.6	1.8	12.7	—	4.3	14.7	27.9		99	1	—
Tm-4	72.8	1.0	5.3	4.8	2.6	4.6	8.9		100	—	—
TX-1	44.1	0.2	7.8		1.2	8.8	37.9		100	—	—
TX-3	52.7	2.2	13.6	—	4.5	11.1	15.9		100	—	—

续表 3-2

样品编号	矿物种类和含量						黏土矿物含量	黏土矿物相对含量			
	石英	钾长石	钠长石	方解石	白云石	黄铁矿		伊蒙混层	伊利石	高岭石	绿泥石
MH-B	29.3	—	—	—	10.4	4.9	55.4	11	81	5	3
YH-1	40.8	—	—	—	—	6.4	52.8	—	100	—	—
DH-A	60.5	—	—	—	—	—	39.5	10	85	5	—

注：测试单位为中国石油天然气总公司石油勘探开发科学研究院。

X 射线衍射分析结果（表 3-2，图 3-7~图 3-17）表明遵义凤冈黑色页岩矿物成分以石英、黏土矿物和钠长石为主，石英含量为 27.4%~47.2%，平均为 37.3%；黏土矿物全为伊利石，含量为 17%~42.6%，平均为 29.8%；钠长石含量为 18.4%~23.9%，平均为 21.15%。同时含有黄铁矿、钾长石、白云石等矿物，钾长石与白云石含量相对较少。

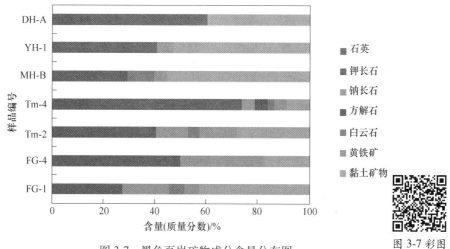

图 3-7 黑色页岩矿物成分含量分布图

图 3-7 彩图

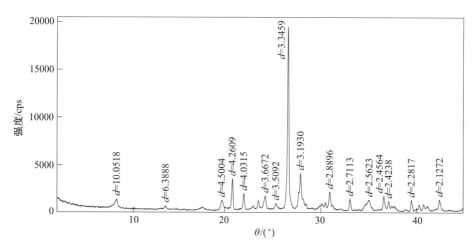

图 3-8 X 射线衍射分析图谱(样号：FG-1)

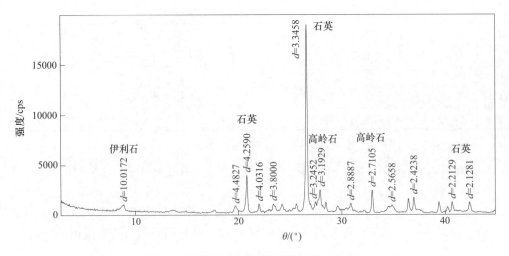

图 3-9　X 射线衍射分析图谱(样号：Tm-2)

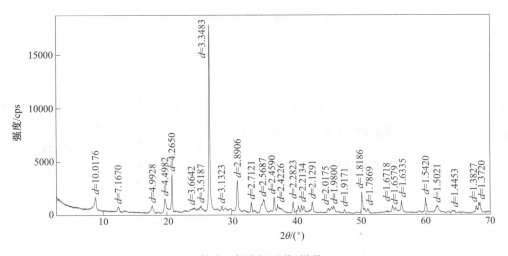

图 3-10　X 射线衍射分析图谱(样号：MH-B)

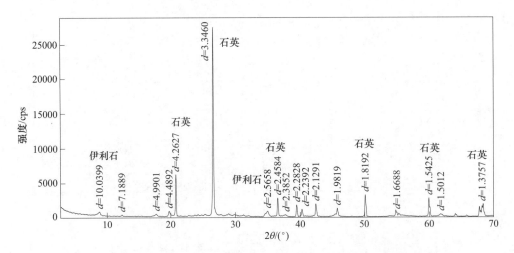

图 3-11　X 射线衍射分析图谱(样号：DH-A)

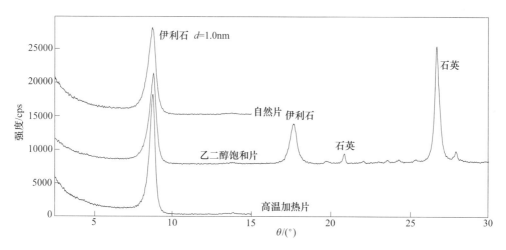

图 3-12　黏土矿物 XRD 图谱(样号：FG-4)

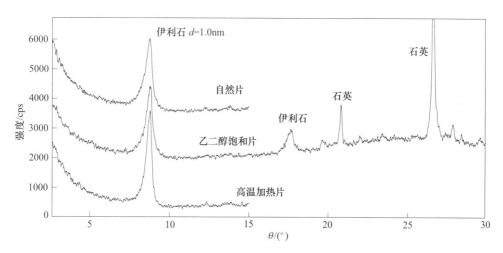

图 3-13　黏土矿物 XRD 图谱(样号：Tm-2)

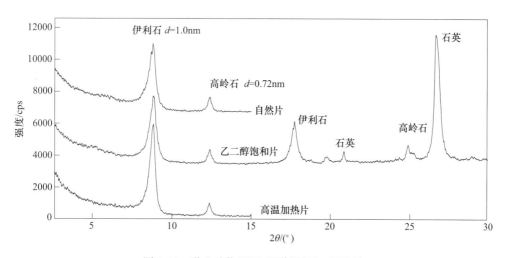

图 3-14　黏土矿物 XRD 图谱(样号：MH-B)

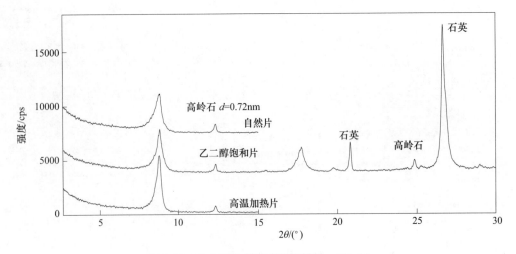

图 3-15　黏土矿物 XRD 图谱(样号：DH-A)

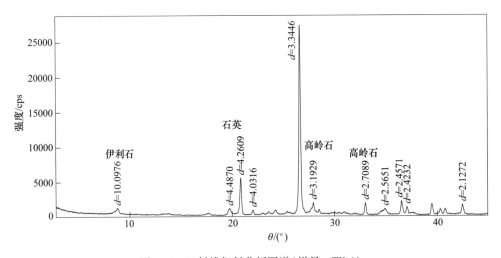

图 3-16　X 射线衍射分析图谱(样号：TX-1)

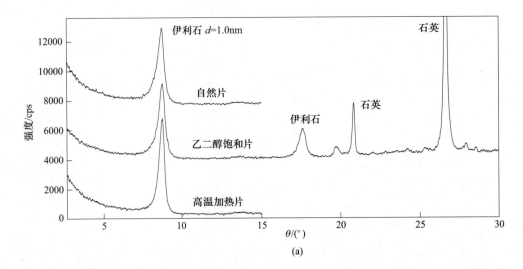

(a)

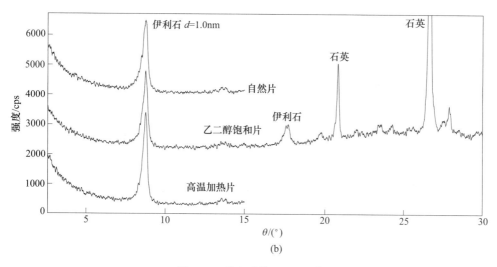

图 3-17 黏土矿物 XRD 图谱

（a）样号：TX-1；（b）样号：TX-3

黔东南岑巩下寒武统黑色页岩中石英含量最多，为 38.6% ~ 72.8%，平均含量为 52.05%；其次为黏土矿物，含量为 8.9% ~ 37.9%，平均为 22.65%。黏土矿物以伊利石为主，含少量高岭石。而且含有少量黄铁矿、钠长石、钾长石、白云石和方解石等矿物。

毕节织金黑色页岩石英含量为 29.3% ~ 60.5%，平均为 43.53%；黏土矿物含量为 39.5% ~ 55.8%，平均为 49.23%。黏土矿物以伊利石为主，同时含伊蒙混层、高岭石和绿泥石。该地区黑色页岩中还含有部分黄铁矿和白云石。

研究区域黑色页岩中均含有石英、黏土矿物以及黄铁矿。黔东南岑巩黑色页岩中石英含量最高，平均含量为 55.7%；毕节织金黑色页岩石英含量次之，平均含量为 43.53%；遵义凤冈黑色页岩中石英含量最少，为 37.3%。黏土矿物含量毕节织金地区最高，平均为 49.23%；遵义凤冈黑色页岩中黏土矿物含量均值为 29.8%；黔东南岑巩黑色页岩中黏土矿物含量最少，为 18.4%。遵义凤冈和黔东南岑巩黑色页岩黏土矿物成分相对简单，基本全为伊利石；毕节织金黑色页岩中黏土矿物较丰富，含伊蒙混层、伊利石、高岭石和绿泥石。遵义凤冈和黔东南岑巩黑色页岩中还含有钾长石和钠长石，钠长石含量高于钾长石含量，毕节织金黑色页岩不含钠长石和钾长石。研究区域黑色页岩均含有少量白云石。方解石含量较少，且黔东南岑巩黑色页岩含少量方解石。以上分析结果表明贵州下寒武统黑色页岩矿物成分以石英和黏土矿物为主，次要矿物有黄铁矿、白云石、钾长石、钠长石和方解石。

3.1.3 扫描电镜配合能谱分析（SEM-EDAX）

扫描电镜配合能谱测试分析在贵州大学理化测试中心进行。测试采用日立公司 Hitachi S-3400N 扫描电镜，EDAX-204B 能谱仪。使用扫描电镜（SEM）配合能谱分析，不仅能够得到矿物形态特征，还可以通过能谱分析测定矿物成分特征，以确定矿物成分组合及种类，达到鉴定矿物的目的。

遵义凤冈黑色页岩扫描电镜配合能谱分析结果见图 3-18 与表 3-3 。测点 a 中 Ca 、Mg、O、C 元素含量（质量分数）分别为 21.83%、15.95%、45.96%、16.26%。Ca、Mg、O、C 四种元素构成了白云石的主要成分。测点 b 含 O、Si、Al、K 元素，其中 O 元素含量

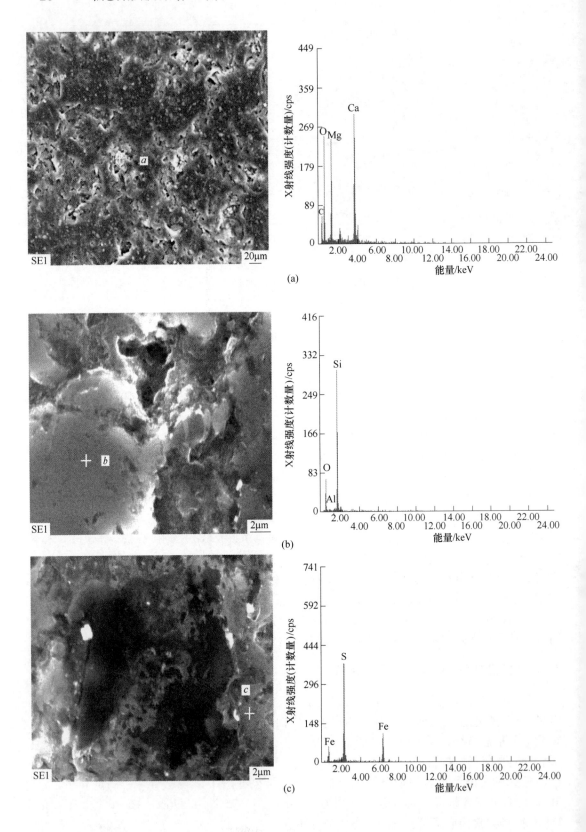

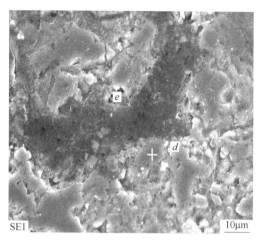
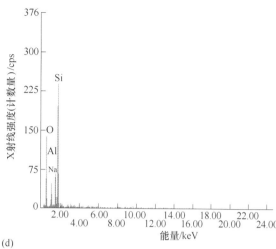

(d)

图 3-18 遵义凤冈黑色页岩扫描电镜及能谱图

最高，为 41.60%；其次，Si 含量为 34.82%；Al、K 含量相对较低，扫描电镜无法测出 H 元素含量。测点 b 中元素及其含量与伊利石主要成分相匹配。测点 c 与钠长石主要成分相匹配，O、Si、Al、Na 含量分别为 41.96%、36.59%、11.80%、9.65%。测点 d 为石英，并含有少量 Al。测点 e 为黄铁矿，Fe 与 S 元素含量分别为 44.98%、55.02%。扫描电镜配合能谱分析结果表明，遵义凤冈黑色页岩含白云石、伊利石、钠长石、石英和黄铁矿，测试结果与 X 射线衍射分析结果相一致。

表 3-3　遵义凤冈黑色页岩扫描电镜能谱分析成分　　　　　　　　（%）

测　点		测点 a	测点 b	测点 c	测点 d	测点 e
元素含量	C	16.26				
	O	45.96	41.60	41.96	44.59	
	Mg	15.95				
	Ca	21.83				
	Si		34.82	36.59	54.10	
	Al		11.41	11.80	1.31	
	Na			9.65		
	K		12.16			
	Fe					44.98
	S					55.02

　　黔东南岑巩黑色页岩扫描电镜及能谱图分析结果见图 3-19 及表 3-4。
　　测点 a 含 Si、O 元素，其 Si、O 元素含量分别为 52.97%、47.03%，这与石英相符。测点 b 所含元素较丰富，有 C、O、Mg、Si、Al、K、Fe、S 元素，其中 O 元素含量最高，为 35.55%，C 元素含量次之，为 26.95%。从图 3-19（c）中可以看出测点 c 含由细颗粒构成的脉状黄铁矿；测点 c 中还含有较多 C 元素，可能是有机质充填于细颗粒状黄铁矿缝

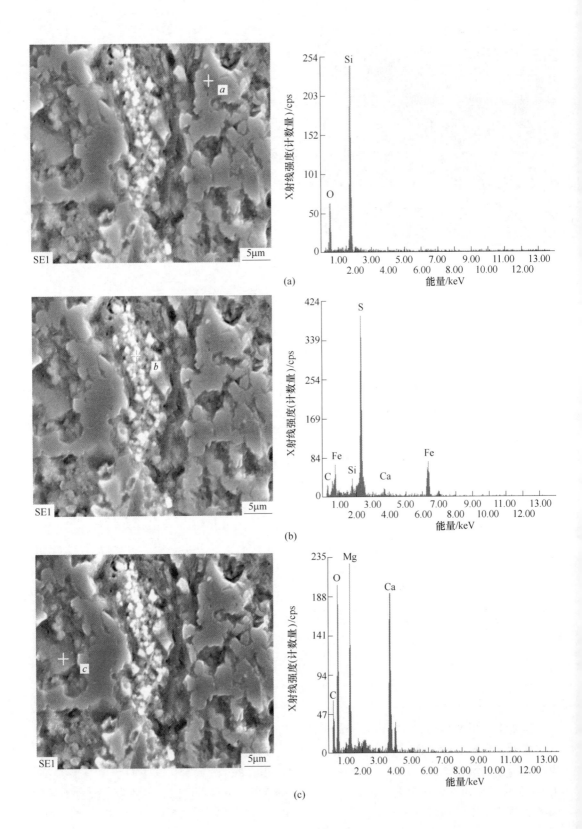

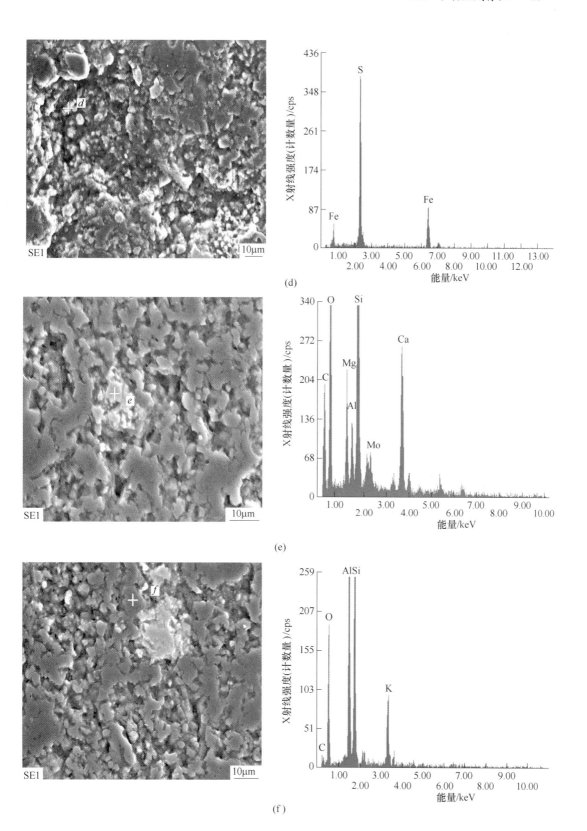

(d)

(e)

(f)

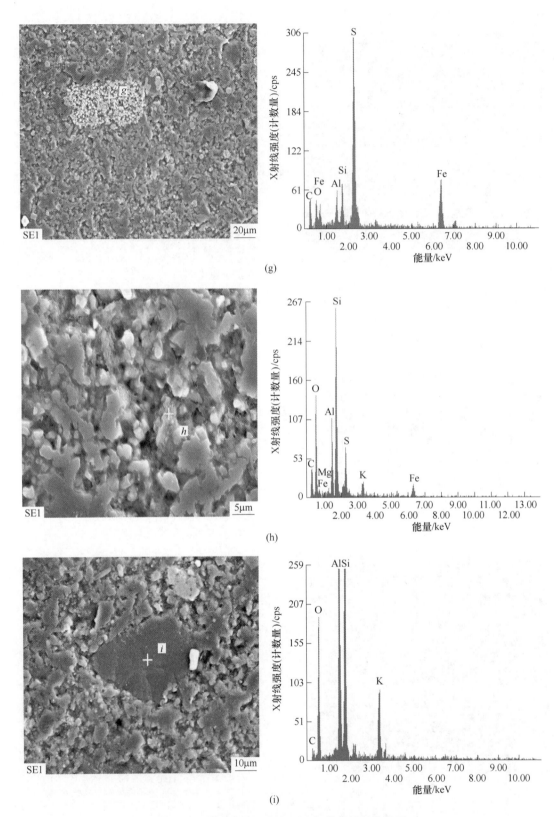

图 3-19   黔东南岑巩黑色页岩扫描电镜及能谱图

表 3-4 黔东南岑巩黑色页岩扫描电镜能谱分析成分 （%）

测点		测点 a	测点 b	测点 c	测点 d	测点 e	测点 f	测点 g	测点 h	测点 i
元素含量	C		26.95	33.42	19.28		8.89	26.75	8.80	38.97
	O	47.03	35.55		47.68		37.88	42.52	40.01	10.65
	Mg		0.48		14.47			4.01		
	Ca			2.35	18.57			7.31		
	Si	52.97	18.20	1.68			34.38	14.55	23.36	3.86
	Al		6.15				10.07	1.99	18.47	3.46
	Na						8.78			
	K		2.58						9.36	
	Fe		4.70	28.23		44.24				19.45
	S		5.39	34.32		55.76				23.61
	Mo							2.88		

隙中。测点 d 含 Ca、Mg、O、C 元素，各元素含量分别为 18.57%、14.47%、47.68%、19.28%，该测点元素类型及含量与白云石组成一致。测点 e 与黄铁矿元素组成及含量相一致，其 Fe、S 含量分别为 44.24% 和 55.76%。测点 g 中除含 C、O、Mg、Si、Al 等元素外，还含有微量 Mo 元素。图 3-19（h）中可见致密块状伊利石，测点 h 中元素类型及含量与伊利石一致，此外测点 h 中还含有少量 C 元素。从图 3-19 中可以看出黔东南岑巩黑色页岩中黄铁矿形貌有细脉状（图 3-19（a））、团块状黄铁矿（图 3-19（e）（f））及草莓状（图 3-19（i））。以上分析结果表明黔东南岑巩黑色页岩含石英、伊利石、白云石与黄铁矿。

毕节织金黑色页岩扫描电镜及能谱分析结果见图 3-20 与表 3-5。测点 a 中所含元素以 Si、O 为主，同时含少量 Al。测点 b 中 O 元素含量（质量分数）最高，为 37.82%，Si 元素含量次之，为 31.58%；同时测点 b 中还含 C、Mg、Al、K、Mo 元素。测点 c 中所含元素以 Mo 元素为主，Mo 元素含量为 61.26%，由图 3-20（c）可知该处为细脉状钼矿。测点 e 中含 Ba、S、O，与重晶石元素组成相符，同时还含 28.33% 的 C，可能是有机质充填于重晶石细颗粒缝隙中。测点 f 中所含元素以 Pb、S 为主，Pb、S 含量分别为 37.02%、31.54%；还含有一定量的 As、O 等元素。测点 g 为草莓状黄铁矿，能谱分析结果显示含 25.71% 的 C，可能是有机质充填于细颗粒矿物裂隙中。测点 h 含 C、O、Si、Al、K 元素，可能是黏土矿物与有机质紧密结合体。图 3-20（i）为晶型较为完整的黄铁矿颗粒。综上可知，毕节织金地区黑色页岩主要含石英、黄铁矿、伊利石等，由于靠近底部多金属层，金属元素较为丰富，因此 Mo、Pb、Co 等含量较高。

遵义凤冈、黔东南岑巩以及毕节织金黑色页岩扫描电镜配合能谱分析结果表明，黑色页岩中矿物主要为黏土矿物和脆性矿物。黏土矿物以伊利石为主，具有较好的可塑性，容易压实和变形。脆性矿物主要为石英和黄铁矿，其次还含有白云石和长石等，均具有较好的抗压实能力。扫描电镜配合能谱分析结果与 XRD 分析具有一致特征。扫描电镜下观察还发现有机质充填于黄铁矿和黏土矿物裂隙中（图 3-19 测点 c、h，图 3-20 测点 h）。

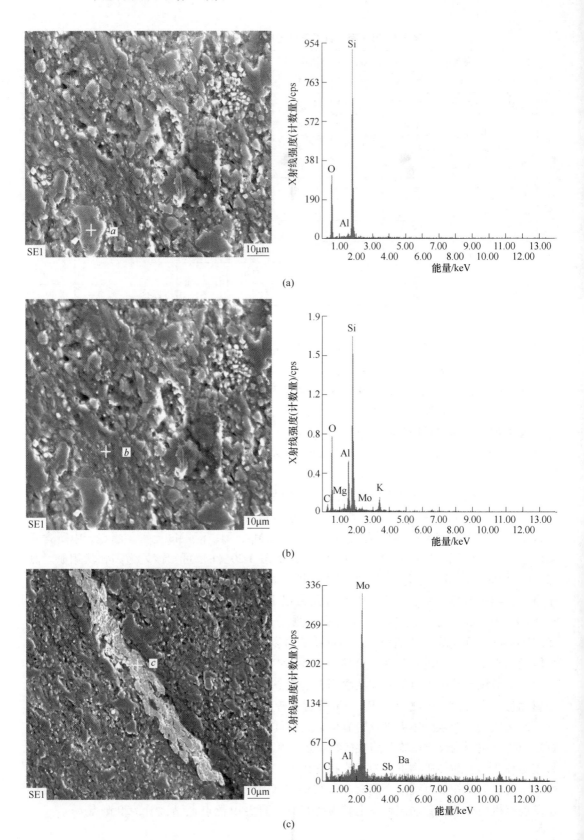

(a)

(b)

(c)

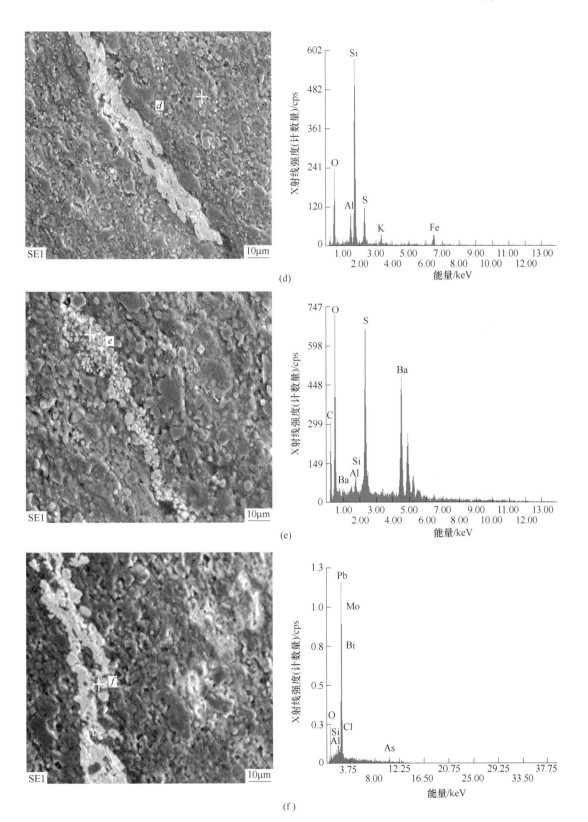

(d)

(e)

(f)

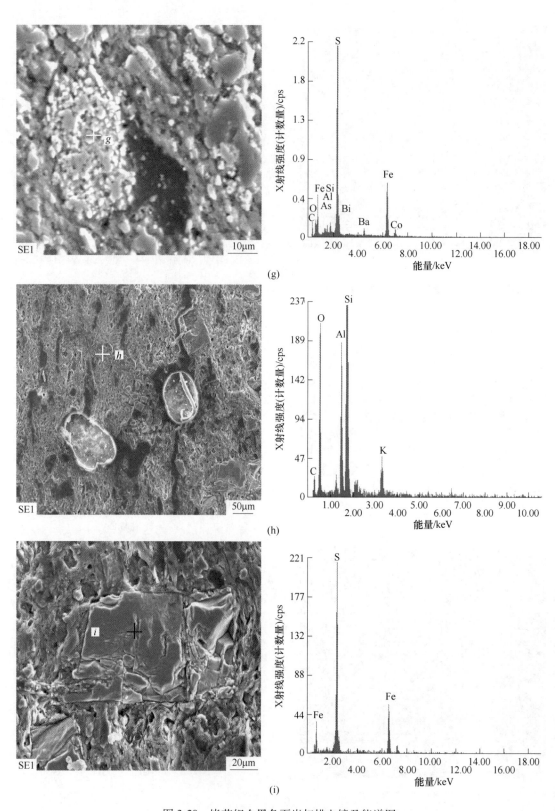

图 3-20 毕节织金黑色页岩扫描电镜及能谱图

表 3-5　毕节织金黑色页岩扫描电镜能谱分析成分　　　　　（%）

测　　点		测点 a	测点 b	测点 c	测点 d	测点 e	测点 f	测点 g	测点 h	测点 i
元素含量	As						14.15	1.64		
	C		15.23	10.26		28.33		25.71	14.45	
	O	44.81	37.82	24.03	36.69	22.34	14.31	7.16	38.79	
	Mg		0.94							
	Pb						37.02			
	Si	53.88	31.58		35.51	0.76	1.72	1.36	31.83	
	Al	1.31	8.32	1.10	5.98	0.60	0.44	0.95	10.01	
	K		4.10		2.76				4.93	
	Fe				8.14			25.93		44.77
	S				10.92	10.45	31.54	32.28		55.23
	Mo		2.01	61.26						
	Sb			1.29						
	Bi						0.82	0.18		
	Ba			2.05		37.52		0.18		
	Co							0.71		

3.1.4　电子探针分析（EPMA）

通过电子探针分析（EPMA）技术对黑色页岩矿物组成进行研究。测试采用日本岛津公司产 EPMA-1720H 型电子探针，测试工作在成都理工大学地球科学学院完成。

遵义凤冈黑色页岩电子探针分析结果见图 3-21、表 3-6、图 3-22、表 3-7。表 3-6 中矿物主要化学成分为 SiO_2 含量 42.576%~67.445%，Al_2O_3 含量 8.588%~27.72%。表 3-6 中测点 FG-4-2、FG-4-5 化学成分与钠长石化学成分相近，测点 FG-4-3 主要元素类型及含量与伊利石具有一致特征，表明黑色页岩中含钠长石与伊利石。图 3-22、表 3-7 中测点主要化学成分为 Fe、S，Fe、S 含量分别为 45.178%~45.346%（平均 45.262%）、43.011%~45.068%（平均 44.04%），表明其为黄铁矿。

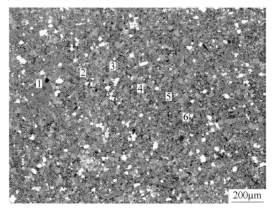

图 3-21　遵义凤冈黑色页岩电子探针图

表 3-6   遵义凤冈黑色页岩电子探针分析结果   （%）

测点	化 学 成 分											
	Na_2O	K_2O	Cr_2O_3	Al_2O_3	CaO	MnO	MgO	SiO_2	FeO	NiO	TiO_2	总计
FG-4-1	2.85	0.875	3.034	8.588	0.03	0.028	0.361	65.231	0.499	0	0	81.495
FG-4-2	12.375	0.027	0.022	19.952	0.062	0	0	65.845	0.228	0.015	0.021	98.549
FG-4-3	0.436	9.037	2.163	27.72	0.045	0.005	2.484	42.576	2.043	0.013	0.12	86.645
FG-4-4	0.265	3.285	10.233	9.149	0.047	0.026	1.018	46.804	0.93	0	1.501	73.258
FG-4-5	9.935	1.879	1.078	19.682	0.184	0.001	0.037	67.445	0.166	0.051	0.017	100.476
FG-4-6	3.099	5.498	1.347	21.558	0.477	0.043	1.394	50.523	1.023	0	2.361	87.323

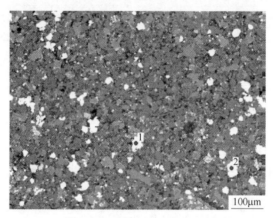

图 3-22   遵义凤冈黑色页岩中黄铁矿电子探针图

表 3-7   遵义凤冈黑色页岩中黄铁矿电子探针分析结果   （%）

测点	化 学 成 分											
	As	Mo	Fe	Se	S	Cu	Pb	Zn	Bi	Ag	Sb	总计
FG-4-1	0.221	0.428	45.346	0.008	43.011	0.013	0.166	0.021	0.146	0.002	0	89.363
FG-4-2	0.207	0.475	45.178	0	45.068	0	0.105	0	0.249	0	0.008	91.291

黔东南岑巩黑色页岩电子探针分析结果见图 3-23、表 3-8、图 3-24、表 3-9 。由表 3-8

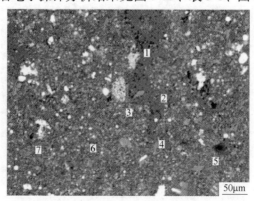

图 3-23   黔东南岑巩黑色页岩电子探针图

可知黑色页岩中化学成分以 SiO_2 为主，SiO_2 含量为 52.868%~91.944%；其次为 Al_2O_3，Al_2O_3 含量变化范围较大，在 0.074%~20.537%。表 3-8 中测点 Tm-2-1、Tm-2-2 主要化学成分为 SiO_2，与石英化学成分具一致特征，测点 Tm-2-4、Tm-2-5、Tm-2-6 化学成分与伊利石具有类似特征。由表 3-9 可知黔东南岑巩黑色页岩中黄铁矿化学成分以 Fe、S 元素为主，Fe、S 含量分别为 44.616%~46.709%（平均 45.662%）和 43.166%~44.31%（平均 43.738%）。

表 3-8　黔东南岑巩黑色页岩电子探针分析结果　　　　　　（%）

测点	化学成分											
	Na_2O	K_2O	Cr_2O_3	Al_2O_3	CaO	MnO	MgO	SiO_2	FeO	NiO	TiO_2	总计
Tm-2-1	0.023	0.004	0.051	0.686	0.003	0.07	0.02	87.923	0.159	0.067	0.018	89.024
Tm-2-2	0.026	0.018	0.046	0.074	0	0	0.004	91.944	0.099	0	0.01	92.222
Tm-2-3	4.056	2.206	1.601	12.781	0.124	0.029	0.31	58.787	3.069	0.051	0.126	83.14
Tm-2-4	0.145	7.368	2.424	20.537	0.042	0.075	1.876	52.868	3.724	0.004	0.129	89.193
Tm-2-5	0.323	4.473	1.122	17.461	0.087	0.067	1.374	60.133	0.982	0	0.158	86.179
Tm-2-6	1.452	5.214	1.35	18.511	0.12	0.032	0.657	56.177	0.659	0.024	0.109	84.306
Tm-2-7	4.688	0.993	0.613	12.612	0.07	0	0.274	53.635	7.736	0.033	9.676	90.331

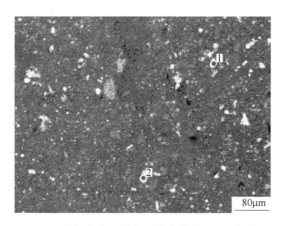

图 3-24　黔东南岑巩黑色页岩中黄铁矿电子探针图

表 3-9　黔东南岑巩黑色页岩中黄铁矿电子探针分析结果　　　　（%）

测点	化学成分											
	As	Mo	Fe	Se	S	Cu	Pb	Zn	Bi	Ag	Au	总计
Tm-2-1	0.174	0.353	46.709	0.002	43.166	0.026	0.212	0.12	0.125	0	0.062	90.948
Tm-2-2	0.163	0.628	44.616	0.001	44.31	0.093	0.068	0.065	0.18	0.009	0	90.131

　　毕节织金地区黑色页岩电子探针分析结果见图 3-25、表 3-10、图 3-26 和表 3-11。毕节织金黑色页岩化学成分中 SiO_2 最多，其含量为 36.575%~90.592%；其次为 Al_2O_3 和 K_2O 等，含量变化范围均较大，分别为 2.128%~18.204% 和 0.673%~6.475%。表 3-10 中测点 YH-2-1 的 SiO_2 含量为 90.592%，表明其为石英；测点 YH-2-2 中化学成分与伊利石

具有一致特征。表3-11的黄铁矿电子探针数据表明，其主要化学成分为 Fe、S，Fe、S 含量分别为 47.944% ~ 49.082%（平均 48.381%）和 49.443% ~ 50.867%（平均 50.315%）；还含有微量的 As、Mo、Bi 等元素。

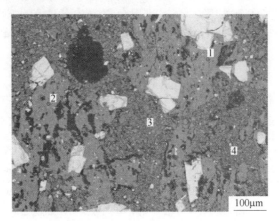

图 3-25 毕节织金黑色页岩电子探针图

表 3-10 毕节织金黑色页岩电子探针分析结果 （%）

测点	化学 成 分											
	Na_2O	K_2O	Cr_2O_3	Al_2O_3	CaO	MnO	MgO	SiO_2	FeO	NiO	TiO_2	总计
YH-2-1	0.006	0.673	0.656	2.128	0.114	0.008	0.204	90.592	1.063	0	0.055	95.501
YH-2-2	0.063	6.475	0.776	18.204	0.038	0	1.495	46.393	4.265	0.05	0.346	78.104
YH-2-3	0.026	3.249	0.267	7.448	0.009	0	1.07	28.109	3.705	0	0.145	44.028
YH-2-4	0.108	5.037	1.579	14.371	0.032	0.043	1.612	36.575	9.586	0.04	0.711	69.693

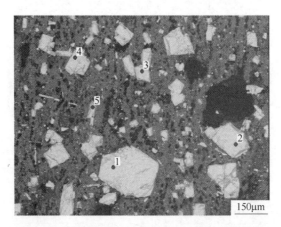

图 3-26 毕节织金黑色页岩中黄铁矿电子探针图

研究区黑色页岩电子探针分析结果表明遵义凤冈、黔东南岑巩和毕节织金黑色页岩化学成分均以 SiO_2 为主，Al_2O_3 和 K_2O 含量次之，这与常量元素分析结果具有一致特征。检测结果还表明研究区黑色页岩中含石英、伊利石、黄铁矿和钠长石等矿物，这与 X 射线衍射分析及扫描电镜配合能谱分析结果具有一致特征。黑色页岩中黄铁矿以 Fe、S 元素为主，含量变化范围分别为 44.616% ~ 49.082%、43.011% ~ 50.867%。

表 3-11 毕节织金黑色页岩中黄铁矿电子探针分析结果 （%）

测点	化 学 成 分										
	As	Mo	Fe	S	Co	Zn	Bi	Ag	Au	Se	总计
YH-2-1	0.13	0.557	47.944	49.443	0.112	0.085	0.228	0	0	0.009	98.507
YH-2-2	0.089	0.328	48.055	50.867	0.078	0.061	0.18	0.013	0	0.056	99.725
YH-2-3	0.198	0.617	49.082	50.291	0.068	0.041	0.238	0.006	0.099	0.004	100.642
YH-2-4	0.191	0.643	48.29	50.628	0.013	0.079	0.205	0	0.047	0	100.097
YH-2-5	0.143	0.463	48.535	50.345	0.06	0	0.304	0.044	0.12	0.006	100.02

黑色页岩中矿物类型及含量对页岩气成藏及开采有着重要影响。显微镜光薄片鉴定、X 射线衍射分析、扫描电镜配合能谱分析、电子探针分析结果表明：研究区黑色页岩主要含黏土矿物和石英、黄铁矿、长石、碳酸盐矿物等脆性矿物。黏土矿物有利于页岩气的吸附成藏，但当其含量超过一定范围，会降低页岩储层渗透率，不利于页岩气运移和页岩气开采过程中的压裂改造[64]。研究区黏土矿物含量为 17% ~ 42.6%，平均为 29.8%。黏土矿物以伊利石为主，具有膨胀性的蒙脱石等矿物含量较少，有利于页岩气运移扩散和页岩气储层的压裂改造。黑色页岩中脆性矿物含量的增加使页岩气储层更易在外力作用下形成裂隙，有利于页岩气扩散运移和增加页岩气储集空间[64]。石英是研究区黑色页岩中主要脆性矿物，其含量为 27.4% ~ 72.8%，平均为 55.7%。石英含量较高，有利于后期压裂过程中诱导裂隙的产生。

3.2 常量元素特征

研究区黑色页岩测试样品常量元素分析结果如表 3-12 和表 3-13 所示。从表 3-12 可以看出，黑色页岩常量元素以 SiO_2 为主，含量变化范围在 28.60% ~ 80.07%，平均为 62.35%。其次为 Al_2O_3、Fe_2O_3 和 K_2O，含量分别为 2.89% ~ 21.02%（平均 11.72%）、1.75% ~ 34%（平均 5.81%）和 0.59% ~ 5.58%（平均 2.90%）。其余化学组分含量则相对较低，MgO、TiO_2、CaO、BaO、Na_2O、P_2O_5 的含量变化范围分别为 0.42% ~ 3.56%（平均 1.60%）、0.12% ~ 1.04%（平均 0.53%）、0.05% ~ 7.14%（平均 2.20%）、0.04% ~ 2.28%（平均 0.41%）、0.04% ~ 3.02%（平均 1.07%）、0.07% ~ 4.03%（平均 0.40%）。样品中烧失量占 5.93% ~ 11.54%，平均为 9.32%，烧失量主要为加热分解的 H_2O、CO_2 以及有机物等。黑色页岩样品基本遵循高 K 低 Na 特征。这与宋照亮等[4]对湖南下寒武统黑色页岩研究结果具有一致特征。天星、天马、凤冈、织金、龙马溪、大方、开阳黑色页岩中 SiO_2 平均含量依次降低，分别为 69.56%、69.35%、67.67%、61.43%、60.79%、54.21% 和 53.47%。研究区黑色页岩中 K_2O、Na_2O 平均含量分别为 2.90%、1.07%，仅遵义凤冈黑色页岩中 K_2O 与 Na_2O 含量相当，总体来说，黑色页岩中 K_2O 含量高于 Na_2O 含量。

表 3-12　研究区下寒武统黑色页岩常量元素分析结果　　　　　（%）

位置	编号	化学成分										
		SiO$_2$	Al$_2$O$_3$	Fe$_2$O$_3$	MgO	TiO$_2$	P$_2$O$_5$	CaO	Na$_2$O	K$_2$O	MnO	BaO	烧失量
织金	MH-A	63.68	16.37	2.08	1.55	0.77	0.38	0.50	0.08	5.13	0.01	0.08	9.05
	MH-B	54.32	15.31	6.11	3.56	0.69	0.16	3.54	0.07	4.35	0.10	0.06	9.91
	YH-1	56.65	16.27	9.55	1.45	0.74	0.13	0.12	0.07	4.98	0.01	0.06	9.15
	YH-2	56.87	16.48	9.22	1.44	0.74	0.17	0.15	0.08	5.00	0.03	0.11	8.87
	DH-A	62.10	18.07	2.95	1.50	0.81	0.12	0.05	0.08	5.58	0.01	0.07	8.36
	DZH-1	74.53	11.49	1.66	0.94	0.54	0.19	0.06	0.04	3.39	<0.01	0.04	5.93
	YZF	61.87	17.57	1.83	1.64	0.71	0.12	0.47	0.06	5.49	<0.01	0.09	9.87
凤冈	FG-1	60.44	15.24	4.01	2.09	0.61	0.13	2.00	2.76	2.92	0.07	0.51	9.14
	FG-2	57.85	14.12	4.30	2.20	0.58	0.16	2.46	3.02	2.52	0.05	0.54	12.22
	FG-3	67.77	9.09	3.03	0.73	0.52	0.30	0.98	1.77	2.07	0.02	1.06	12.35
	FG-4	63.62	10.86	4.10	0.59	0.60	0.18	1.00	2.81	2.34	0.03	1.28	11.54
	FG-5	71.72	7.01	2.70	0.77	0.36	0.15	1.53	1.16	1.65	0.02	0.44	11.28
	FG-6	84.61	2.42	1.75	0.42	0.12	0.43	1.06	0.31	0.59	0.01	0.29	6.44
天马	Tm-1	60.15	15.20	6.42	1.38	0.60	0.12	1.08	1.91	3.20	0.05	0.93	8.70
	Tm-2	61.82	12.68	5.83	1.18	0.51	0.16	1.16	1.92	2.74	0.03	1.40	10.78
	Tm-3	75.49	6.16	3.26	0.69	0.27	0.14	1.56	0.73	1.42	0.01	1.08	9.25
	Tm-4	74.87	4.79	2.50	0.58	0.26	0.19	2.73	0.69	1.10	0.02	0.71	11.00
	Tm-5	77.64	5.05	2.13	0.45	0.24	0.12	0.99	0.67	1.20	0.01	0.56	10.41
	Tm-6	64.34	11.77	5.52	0.66	0.67	0.16	0.87	1.94	2.79	0.02	2.28	9.12
	Tm-7	71.12	9.15	3.24	0.68	0.45	0.12	0.99	1.28	2.19	0.02	1.08	8.26
天星	TX-1	69.47	11.47	5.03	0.85	0.48	0.32	0.80	1.22	2.44	0.01	0.42	6.77
	TX-2	70.79	7.94	3.75	0.77	0.34	0.19	1.60	1.22	1.76	0.02	0.62	9.69
	TX-3	68.43	8.77	4.59	0.86	0.46	0.22	1.30	1.77	2.10	0.02	0.57	9.71
开阳	KY-1	56.18	12.92	8.05	2.09	0.75	0.22	2.62	2.37	2.50	0.05	0.11	11.13
	KY-2	53.90	11.92	4.68	2.86	0.67	0.23	7.14	0.16	2.68	0.05	0.12	14.18
	KYJ-1	54.96	21.02	3.27	3.35	0.24	0.23	1.11	0.12	5.36	0.01	0.26	9.81
	KYJ-2	48.84	13.93	4.39	2.52	0.24	4.03	7.11	0.17	3.75	0.01	0.20	12.99
龙马溪	YL-01	52.2	19.80	7.95	2.14	1.04	0.14	0.70	—	5.32	0.04	0.08	8.57
	YL-04	73.92	8.83	2.11	1.31	0.41	0.07	0.81	0.53	2.51	0.02	0.05	8.22
	YL-08	61.30	14.46	4.61	2.33	0.69	0.12	3.50	1.39	3.81	0.04	0.06	6.87
	YL-09	62.33	13.84	4.40	2.25	0.69	0.11	3.36	1.45	3.62	0.04	0.05	6.64
	YL-10	57.49	14.01	5.18	2.70	0.68	0.11	5.18	1.29	3.67	0.06	0.06	8.06
	YL-12	57.51	16.52	5.61	2.88	0.70	0.10	3.24	1.01	4.45	0.04	0.07	6.78
大方	DF-1	53.97	14.51	5.53	2.97	0.67	0.23	4.79	1.59	3.14	0.07	0.20	11.00
	DF-5	28.6	7.02	34.0	0.63	0.46	0.13	0.56	—	1.57	0.01	0.26	24.49
	DF-6	80.07	2.89	2.15	1.52	0.44	1.80	4.52	0.24	0.62	0.02	0.06	3.71

注：测试单位为澳实分析检测（广州）有限公司。

表 3-13 研究区黑色页岩化学成分均值 （%）

位 置	化 学 成 分											
	SiO_2	Al_2O_3	Fe_2O_3	MgO	TiO_2	P_2O_5	CaO	Na_2O	K_2O	MnO	BaO	烧失量
织金均值	61.43	15.93	4.77	1.73	0.71	0.18	0.70	0.07	4.84	—	0.07	8.73
凤冈均值	67.67	9.79	3.32	1.13	0.47	0.23	1.51	1.97	2.02	0.03	0.69	10.50
天马均值	69.35	9.26	4.13	0.80	0.43	0.14	1.34	1.31	2.09	0.02	1.15	9.65
天星均值	69.56	9.39	4.46	0.83	0.43	0.24	1.23	1.40	2.10	0.02	0.54	8.72
开阳均值	53.47	14.95	5.10	2.71	0.48	1.18	4.50	0.71	3.57	0.03	0.17	12.03
龙马溪均值	60.79	14.58	4.98	2.27	0.70	0.11	2.80	1.13	3.90	0.04	0.06	7.52
大方均值	54.21	8.14	13.89	1.71	0.52	0.72	3.29	0.92	1.78	0.03	0.17	13.07
平均值	62.35	11.72	5.81	1.60	0.53	0.40	2.20	1.07	2.90	0.03	0.41	10.03
上陆壳	61.77	13.61	2.36	2.73	0.48	0.138	5.60	2.96	3.06	0.074	—	—

注：上陆壳数据来源于应用地球化学元素丰度数据手册。

毕节织金黑色页岩取自剖面露头，无法形成页岩气成藏，黔东南岑巩黑色页岩中的页岩气含量为 $1m^3/t$，遵义凤冈黑色页岩中的页岩气含量为 $1.1m^3/t$。烧失量指加热分解的气态产物（如 H_2O、CO_2 等）和有机质含量的多少，可大体表征有机质含量[5]。织金、凤冈、天马、天星、开阳、龙马溪和大方黑色页岩烧失量分别为 8.73%、10.50%、9.65%、8.72%、12.03%、7.52% 和 13.07%，与页岩气含量呈相同趋势，表明有机质含量与页岩气含量有一定的正相关性。

3.3 微量元素特征

研究区黑色页岩微量元素分析结果见表 3-14。从表 3-14 可以看出，除 Mn、Nb、Sr 元素亏损外，其余元素都存在一定的富集。As、Mo、Pb、W 富集最为明显（图 3-27）。其中 As 的富集倍数最高，为 443 倍；其次是 W，富集倍数为 363 倍。Mo、Pb、V、Ni、Cr、Zn 的富集倍数分别为 33 倍、163 倍、27.1 倍、7.48 倍、7.57 倍、2.61 倍，其余元素富集倍数相对较小。

毕节织金样品属剖面露头，黔东南天马、天星样品埋深在 1400 多米，遵义凤冈的埋深在 2400 多米。从表 3-14 及图 3-27 可以看出，样品中 As、Cu、Mo、Ni、U、Zn 元素的含量随埋深的增加先升高再降低，Ba、Cr、Mn、Nb、Sc、Ti 元素的含量随埋深的增加先降低再升高。Co、Sr、V 元素含量则随埋深的增加而升高。仅 Pb 元素含量随埋深的增加而降低。

表 3-14 黑色页岩微量元素分析结果

编号		As	Ba	Co	Cr	Cu	Mn	Mo	Ni	Nb	Pb	Sr	Sc	Ti	U	V	W	Zn
织金	MH-A	65×10^{-6}	780×10^{-6}	1×10^{-6}	123×10^{-6}	16×10^{-6}	73×10^{-6}	42×10^{-6}	87×10^{-6}	13.5×10^{-6}	126×10^{-6}	53×10^{-6}	14×10^{-6}	4200×10^{-6}	20×10^{-6}	296×10^{-6}	2×10^{-6}	25×10^{-6}
	MH-B	19×10^{-6}	620×10^{-6}	18×10^{-6}	83×10^{-6}	46×10^{-6}	736×10^{-6}	10×10^{-6}	52×10^{-6}	12.2×10^{-6}	40×10^{-6}	69×10^{-6}	14×10^{-6}	3900×10^{-6}	$<10\times10^{-6}$	145×10^{-6}	2×10^{-6}	73×10^{-6}
	YH-1	21×10^{-6}	750×10^{-6}	4×10^{-6}	116×10^{-6}	18×10^{-6}	87×10^{-6}	32×10^{-6}	24×10^{-6}	13.4×10^{-6}	36×10^{-6}	48×10^{-6}	16×10^{-6}	4600×10^{-6}	10×10^{-6}	437×10^{-6}	3×10^{-6}	64×10^{-6}
	YH-2	11×10^{-6}	640×10^{-6}	11×10^{-6}	90×10^{-6}	43×10^{-6}	238×10^{-6}	5×10^{-6}	45×10^{-6}	13.4×10^{-6}	57×10^{-6}	39×10^{-6}	14×10^{-6}	4100×10^{-6}	$<10\times10^{-6}$	157×10^{-6}	3×10^{-6}	113×10^{-6}
	DH-A	15×10^{-6}	1130×10^{-6}	18×10^{-6}	97×10^{-6}	51×10^{-6}	55×10^{-6}	7×10^{-6}	67×10^{-6}	14.7×10^{-6}	50×10^{-6}	44×10^{-6}	15×10^{-6}	4200×10^{-6}	$<10\times10^{-6}$	159×10^{-6}	2×10^{-6}	137×10^{-6}
	DZH-1	219×10^{-6}	420×10^{-6}	1×10^{-6}	85×10^{-6}	9×10^{-6}	36×10^{-6}	199×10^{-6}	29×10^{-6}	9.7×10^{-6}	1540×10^{-6}	214×10^{-6}	10×10^{-6}	3100×10^{-6}	20×10^{-6}	301×10^{-6}	4×10^{-6}	14×10^{-6}
	YZF	81.6×10^{-6}	820×10^{-6}	1.5×10^{-6}	106×10^{-6}	14.6×10^{-6}	43×10^{-6}	99.6×10^{-6}	68.7×10^{-6}	13.8×10^{-6}	132.5×10^{-6}	53.7×10^{-6}	16.8×10^{-6}	4400×10^{-6}	26.7×10^{-6}	357×10^{-6}	2×10^{-6}	40×10^{-6}
凤冈	FG-1	—	4420×10^{-6}	—	110×10^{-6}	—	—	—	—	9.9×10^{-6}	—	473×10^{-6}	—	—	17.35×10^{-6}	584×10^{-6}	22×10^{-6}	—
	FG-2	—	4960×10^{-6}	—	110×10^{-6}	—	—	—	—	10.1×10^{-6}	—	768×10^{-6}	—	—	38.1×10^{-6}	882×10^{-6}	20×10^{-6}	—
	FG-3	—	9850×10^{-6}	—	110×10^{-6}	—	—	—	—	8.0×10^{-6}	—	150.5×10^{-6}	—	—	49.1×10^{-6}	2780×10^{-6}	66×10^{-6}	—
	FG-4	—	$>10000\times10^{-6}$	—	110×10^{-6}	—	—	—	—	9.4×10^{-6}	—	131.0×10^{-6}	—	—	40.6×10^{-6}	588×10^{-6}	111×10^{-6}	—
	FG-5	—	3860×10^{-6}	—	190×10^{-6}	—	—	—	—	5.8×10^{-6}	—	142.0×10^{-6}	—	—	33.6×10^{-6}	4200×10^{-6}	105×10^{-6}	—
	FG-6	—	2650×10^{-6}	—	960×10^{-6}	—	—	—	—	2.4×10^{-6}	—	95.0×10^{-6}	—	—	14.15×10^{-6}	754×10^{-6}	354×10^{-6}	—
天马	Tm-1	—	8320×10^{-6}	—	90×10^{-6}	—	—	—	—	10.2×10^{-6}	—	358×10^{-6}	—	—	8.61×10^{-6}	172×10^{-6}	17×10^{-6}	—
	Tm-2	—	$>10000\times10^{-6}$	—	90×10^{-6}	—	—	—	—	9.0×10^{-6}	—	203×10^{-6}	—	—	38.6×10^{-6}	402×10^{-6}	22×10^{-6}	—
	Tm-3	—	9440×10^{-6}	—	70×10^{-6}	—	—	—	—	4.4×10^{-6}	—	214×10^{-6}	—	—	89.8×10^{-6}	1050×10^{-6}	73×10^{-6}	—
	Tm-4	—	6590×10^{-6}	—	70×10^{-6}	—	—	—	—	5.6×10^{-6}	—	316×10^{-6}	—	—	108.0×10^{-6}	542×10^{-6}	111×10^{-6}	—
	Tm-5	—	5180×10^{-6}	—	50×10^{-6}	—	—	—	—	4.1×10^{-6}	—	120.5×10^{-6}	—	—	38.6×10^{-6}	773×10^{-6}	92×10^{-6}	—
	Tm-6	—	$>10000\times10^{-6}$	—	110×10^{-6}	—	—	—	—	11.2×10^{-6}	—	149.5×10^{-6}	—	—	68.1×10^{-6}	399×10^{-6}	62×10^{-6}	—
	Tm-7	—	9600×10^{-6}	—	460×10^{-6}	—	—	—	—	7.3×10^{-6}	—	143.0×10^{-6}	—	—	13.35×10^{-6}	2740×10^{-6}	83×10^{-6}	—
天星	TX-1	—	3890×10^{-6}	—	80×10^{-6}	—	—	—	—	8.6×10^{-6}	—	98.1×10^{-6}	—	—	22.7×10^{-6}	706×10^{-6}	39×10^{-6}	—
	TX-2	—	5540×10^{-6}	—	100×10^{-6}	—	—	—	—	6.1×10^{-6}	—	154.5×10^{-6}	—	—	70.1×10^{-6}	1555×10^{-6}	62×10^{-6}	—
	TX-3	—	5090×10^{-6}	—	80×10^{-6}	—	—	—	—	7.6×10^{-6}	—	117.5×10^{-6}	—	—	54.7×10^{-6}	1480×10^{-6}	101×10^{-6}	—

续表 3-14

编号	化学成分																
	As	Ba	Co	Cr	Cu	Mn	Mo	Ni	Nb	Pb	Sr	Sc	Ti	U	V	W	Zn
开阳 KY-1	—	$912×10^{-6}$	—	$80×10^{-6}$	—	—	—	—	$11.6×10^{-6}$	—	$137.0×10^{-6}$	—	—	$21.1×10^{-6}$	$116×10^{-6}$	$25×10^{-6}$	—
KY-2	—	$868×10^{-6}$	—	$80×10^{-6}$	—	—	—	—	$10.5×10^{-6}$	—	$248×10^{-6}$	—	—	$36.5×10^{-6}$	$549×10^{-6}$	$25×10^{-6}$	—
KYJ-1	—	$2320×10^{-6}$	—	$130×10^{-6}$	—	—	—	—	$87.3×10^{-6}$	—	$200×10^{-6}$	—	—	$14.90×10^{-6}$	$1190×10^{-6}$	$7×10^{-6}$	—
KYJ-2	—	$1815×10^{-6}$	—	$430×10^{-6}$	—	—	—	—	$58.1×10^{-6}$	—	$409×10^{-6}$	—	—	$30.0×10^{-6}$	$1725×10^{-6}$	$38×10^{-6}$	—
龙马溪 YL-01	$93×10^{-6}$	$240×10^{-6}$	$55×10^{-6}$	$60×10^{-6}$	$94×10^{-6}$	$335×10^{-6}$	$28×10^{-6}$	$142×10^{-6}$	$16.6×10^{-6}$	$570×10^{-6}$	$85×10^{-6}$	$20×10^{-6}$	$0.55×10^{-6}$	$<10×10^{-6}$	$200×10^{-6}$	$80×10^{-6}$	$296×10^{-6}$
YL-04	$16×10^{-6}$	$470×10^{-6}$	$19×10^{-6}$	$63×10^{-6}$	$134×10^{-6}$	$124×10^{-6}$	$37×10^{-6}$	$105×10^{-6}$	$26.0×10^{-6}$	$330×10^{-6}$	$69×10^{-6}$	$8×10^{-6}$	$0.23×10^{-6}$	$10×10^{-6}$	$733×10^{-6}$	$200×10^{-6}$	$454×10^{-6}$
YL-08	$9×10^{-6}$	$500×10^{-6}$	$22×10^{-6}$	$59×10^{-6}$	$30×10^{-6}$	$260×10^{-6}$	$7×10^{-6}$	$49×10^{-6}$	$16.1×10^{-6}$	$490×10^{-6}$	$130×10^{-6}$	$11×10^{-6}$	$0.36×10^{-6}$	$<10×10^{-6}$	$100×10^{-6}$	$170×10^{-6}$	$95×10^{-6}$
YL-09	$12×10^{-6}$	$470×10^{-6}$	$22×10^{-6}$	$58×10^{-6}$	$30×10^{-6}$	$268×10^{-6}$	$5×10^{-6}$	$44×10^{-6}$	$16.4×10^{-6}$	$500×10^{-6}$	$134×10^{-6}$	$11×10^{-6}$	$0.36×10^{-6}$	$<10×10^{-6}$	$94×10^{-6}$	$160×10^{-6}$	$78×10^{-6}$
YL-10	$8×10^{-6}$	$480×10^{-6}$	$21×10^{-6}$	$61×10^{-6}$	$31×10^{-6}$	$404×10^{-6}$	$6×10^{-6}$	$48×10^{-6}$	$14.9×10^{-6}$	$500×10^{-6}$	$150×10^{-6}$	$11×10^{-6}$	$0.35×10^{-6}$	$<10×10^{-6}$	$100×10^{-6}$	$150×10^{-6}$	$109×10^{-6}$
YL-12	$8×10^{-6}$	$510×10^{-6}$	$18×10^{-6}$	$72×10^{-6}$	$28×10^{-6}$	$292×10^{-6}$	$1×10^{-6}$	$44×10^{-6}$	$15.5×10^{-6}$	$440×10^{-6}$	$149×10^{-6}$	$14×10^{-6}$	$0.36×10^{-6}$	$<10×10^{-6}$	$112×10^{-6}$	$60×10^{-6}$	$79×10^{-6}$
大方 DF-1	$26×10^{-6}$	$420×10^{-6}$	$35×10^{-6}$	$100×10^{-6}$	$53×10^{-6}$	$535×10^{-6}$	$47×10^{-6}$	$154×10^{-6}$	$11.0×10^{-6}$	$980×10^{-6}$	$249×10^{-6}$	$15×10^{-6}$	$0.37×10^{-6}$	$10×10^{-6}$	$653×10^{-6}$	$80×10^{-6}$	$240×10^{-6}$
DF-5	$1960×10^{-6}$	$10×10^{-6}$	$38×10^{-6}$	$46×10^{-6}$	$125×10^{-6}$	$65×10^{-6}$	$23×10^{-6}$	$264×10^{-6}$	$7.0×10^{-6}$	$510×10^{-6}$	$45×10^{-6}$	$6×10^{-6}$	$0.23×10^{-6}$	$<10×10^{-6}$	$82×10^{-6}$	$360×10^{-6}$	$127×10^{-6}$
DF-6	$10×10^{-6}$	$540×10^{-6}$	$79×10^{-6}$	$415×10^{-6}$	$34×10^{-6}$	$178×10^{-6}$	$1×10^{-6}$	$31×10^{-6}$	$6.3×10^{-6}$	$8300×10^{-6}$	$144×10^{-6}$	$4×10^{-6}$	$0.26×10^{-6}$	$10×10^{-6}$	$779×10^{-6}$	$1740×10^{-6}$	$44×10^{-6}$
织金均值	$54.14×10^{-6}$	$713.75×10^{-6}$	$8.06×10^{-6}$	$91.88×10^{-6}$	$27.83×10^{-6}$	$233.50×10^{-6}$	$49.51×10^{-6}$	$49.09×10^{-6}$	$14.46×10^{-6}$	$250.19×10^{-6}$	$108.84×10^{-6}$	$13.85×10^{-6}$	$3937.50×10^{-6}$	$15.90×10^{-6}$	$239×10^{-6}$	$2.50×10^{-6}$	$67.13×10^{-6}$
凤冈均值		$5148×10^{-6}$		$265×10^{-6}$					$8×10^{-6}$		$293×10^{-6}$			$32×10^{-6}$	$1631×10^{-6}$	$113×10^{-6}$	
天马均值		$7826×10^{-6}$		$134×10^{-6}$					$7×10^{-6}$		$215×10^{-6}$			$52×10^{-6}$	$868×10^{-6}$	$66×10^{-6}$	
天星均值		$4840×10^{-6}$		$87×10^{-6}$					$7×10^{-6}$		$123×10^{-6}$			$49×10^{-6}$	$1247×10^{-6}$	$67×10^{-6}$	
开阳均值		$1479×10^{-6}$		$180×10^{-6}$					$42×10^{-6}$		$249×10^{-6}$			$26×10^{-6}$	$895×10^{-6}$	$24×10^{-6}$	
龙马溪均值	$24.33×10^{-6}$	$445.00×10^{-6}$	$26.17×10^{-6}$	$62.17×10^{-6}$	$57.83×10^{-6}$	$280.50×10^{-6}$	$14.00×10^{-6}$	$72.00×10^{-6}$	$17.58×10^{-6}$	$471.67×10^{-6}$	$119.50×10^{-6}$	$12.50×10^{-6}$	$0.37×10^{-6}$	$10.00×10^{-6}$	$223.17×10^{-6}$	$136.67×10^{-6}$	$185.17×10^{-6}$
大方均值	$665.33×10^{-6}$	$323.33×10^{-6}$	$50.67×10^{-6}$	$187.00×10^{-6}$	$70.67×10^{-6}$	$259.33×10^{-6}$	$23.67×10^{-6}$	$149.67×10^{-6}$	$8.10×10^{-6}$	$3263.33×10^{-6}$	$146.00×10^{-6}$	$8.33×10^{-6}$	$0.29×10^{-6}$	$10.00×10^{-6}$	$504.67×10^{-6}$	$726.67×10^{-6}$	$137×10^{-6}$
上地壳	$1.5×10^{-6}$	$550×10^{-6}$	$10×10^{-6}$	$35×10^{-6}$	$25×10^{-6}$	$600×10^{-6}$	$1.5×10^{-6}$	$20×10^{-6}$	$25×10^{-6}$	$20×10^{-6}$	$350×10^{-6}$	$11×10^{-6}$	$3000×10^{-6}$	$2.8×10^{-6}$	$60×10^{-6}$	$2×10^{-6}$	$71×10^{-6}$

注: 1. 地壳元素丰度采用 Taylor (1985) 元素丰度;
2. 富集倍数为黑色页岩元素含量平均值与上地壳元素含量比值;
3. 测试单位为澳实分析检测 (广州) 有限公司。

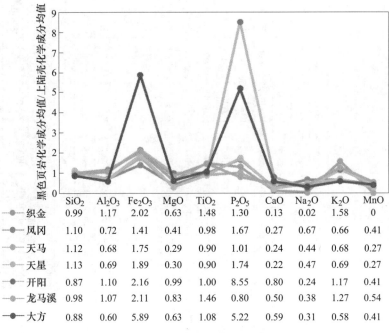

	SiO₂	Al₂O₃	Fe₂O₃	MgO	TiO₂	P₂O₅	CaO	Na₂O	K₂O	MnO
织金	0.99	1.17	2.02	0.63	1.48	1.30	0.13	0.02	1.58	0
凤冈	1.10	0.72	1.41	0.41	0.98	1.67	0.27	0.67	0.66	0.41
天马	1.12	0.68	1.75	0.29	0.90	1.01	0.24	0.44	0.68	0.27
天星	1.13	0.69	1.89	0.30	0.90	1.74	0.22	0.47	0.69	0.27
开阳	0.87	1.10	2.16	0.99	1.00	8.55	0.80	0.24	1.17	0.41
龙马溪	0.98	1.07	2.11	0.83	1.46	0.80	0.50	0.38	1.27	0.54
大方	0.88	0.60	5.89	0.63	1.08	5.22	0.59	0.31	0.58	0.41

图 3-27   黑色页岩均值与上陆壳比值

图 3-27 彩图

3.4 稀土元素组成及物质来源示踪特征

研究区下寒武统黑色页岩稀土元素测试结果及有关参数见表 3-15，由结果可知，研究区稀土元素总量变化较大，其稀土元素总量 $\sum$REE 为 $93.04 \times 10^{-6} \sim 224.9 \times 10^{-6}$。织金、凤冈、天马、天星、开阳、龙马溪组和大方黑色页岩中稀土元素总量均值分别为 193.81×10^{-6}、161.04×10^{-6}、148.36×10^{-6}、145.77×10^{-6}、278.37×10^{-6}、237.22×10^{-6} 和 166.46×10^{-6}，总均值为 190.15×10^{-6}，稀土元素总量偏低。研究区黑色页岩的 $\sum$REE 的变化范围相对集中，其均值变化范围介于 $145.77 \times 10^{-6} \sim 278.37 \times 10^{-6}$，对比大陆上地壳（UCC）稀土元素平均含量 146.4×10^{-6}，显然变化不大，其总平均含量仅为 UCC 的 1.3 倍，显示仅有微弱的相对富集。但明显稍低于北美页岩稀土元素总量（200.21×10^{-6}）[6]，显示了黑色页岩稀土元素演化的一致性。

黔东岑巩天马、天星稀土元素总量为 148.36×10^{-6}、145.77×10^{-6}，与大陆上地壳（UCC）稀土元素平均含量 146.4×10^{-6} 接近，但远低于北美页岩稀土元素总量（200.21×10^{-6}），显示其具上地壳特征。黄平-三穗一带黑色页岩的稀土元素总量为 133.16×10^{-6}，也明显低于 UCC 平均含量[7]。

黔中开阳黑色页岩的 $\sum$REE 为 278.37×10^{-6}，远高于大陆上地壳（UCC）稀土元素平均含量，稍高于北美页岩稀土元素平均含量，显示出 $\sum$REE 富集特征。

黔西织金牛蹄塘组黑色页岩地表样的 $\sum$REE 均值相对较高，为 193.81×10^{-6}，表明地表黑色页岩处于风化程度较高环境，其稀土元素总含量也接近于北美页岩稀土元素总量，稀土元素演化具较强的延续性及一致性。黔西大方牛蹄塘组、龙马溪组黑色页岩的 $\sum$REE

表3-15 黑色页岩稀土元素测试结果及有关参数

编号	MH-A	MH-B	YH-1	YH-2	DH-A	DZH-1	YZF	FG-1	FG-2	FG-3	FG-4	FG-5	FG-6	Tm-1	Tm-2	Tm-3	Tm-4	Tm-5	Tm-6	Tm-7	球粒陨石
La	47.6×10^{-6}	34.1×10^{-6}	36.9×10^{-6}	38.7×10^{-6}	42.6×10^{-6}	39.7×10^{-6}	41.1×10^{-6}	29.4×10^{-6}	29.0×10^{-6}	29.5×10^{-6}	31.5×10^{-6}	23.7×10^{-6}	23.2×10^{-6}	33.9×10^{-6}	29.8×10^{-6}	16.6×10^{-6}	28.4×10^{-6}	15.8×10^{-6}	33.7×10^{-6}	26.2×10^{-6}	0.32×10^{-6}
Ce	74.5×10^{-6}	65.5×10^{-6}	69.9×10^{-6}	72.5×10^{-6}	79.0×10^{-6}	59.6×10^{-6}	69×10^{-6}	54.8×10^{-6}	55.6×10^{-6}	45.4×10^{-6}	55.5×10^{-6}	34.9×10^{-6}	17.6×10^{-6}	64.2×10^{-6}	54.9×10^{-6}	31.2×10^{-6}	36.1×10^{-6}	27.0×10^{-6}	62.6×10^{-6}	33.1×10^{-6}	0.94×10^{-6}
Pr	8.08×10^{-6}	7.84×10^{-6}	8.35×10^{-6}	9.02×10^{-6}	9.36×10^{-6}	6.57×10^{-6}	7.42×10^{-6}	6.53×10^{-6}	6.56×10^{-6}	6.44×10^{-6}	6.85×10^{-6}	5.47×10^{-6}	4.34×10^{-6}	7.35×10^{-6}	6.52×10^{-6}	3.51×10^{-6}	4.83×10^{-6}	3.41×10^{-6}	7.33×10^{-6}	5.62×10^{-6}	0.12×10^{-6}
Nd	26.0×10^{-6}	30.0×10^{-6}	31.8×10^{-6}	35.7×10^{-6}	33.0×10^{-6}	20.5×10^{-6}	22.8×10^{-6}	25.0×10^{-6}	27.0×10^{-6}	25.8×10^{-6}	27.9×10^{-6}	22.6×10^{-6}	16.4×10^{-6}	28.1×10^{-6}	26.1×10^{-6}	14.2×10^{-6}	20.7×10^{-6}	13.5×10^{-6}	28.1×10^{-6}	22.9×10^{-6}	0.6×10^{-6}
Sm	3.35×10^{-6}	6.04×10^{-6}	5.64×10^{-6}	7.54×10^{-6}	5.35×10^{-6}	2.57×10^{-6}	2.13×10^{-6}	4.96×10^{-6}	5.30×10^{-6}	5.01×10^{-6}	5.51×10^{-6}	4.58×10^{-6}	2.51×10^{-6}	5.56×10^{-6}	4.98×10^{-6}	2.96×10^{-6}	4.08×10^{-6}	2.73×10^{-6}	3.91×10^{-6}	4.11×10^{-6}	0.2×10^{-6}
Eu	0.60×10^{-6}	1.18×10^{-6}	1.03×10^{-6}	1.44×10^{-6}	1.04×10^{-6}	0.47×10^{-6}	0.46×10^{-6}	0.87×10^{-6}	0.90×10^{-6}	0.95×10^{-6}	0.89×10^{-6}	0.78×10^{-6}	0.51×10^{-6}	0.99×10^{-6}	0.90×10^{-6}	0.51×10^{-6}	0.70×10^{-6}	0.42×10^{-6}	0.44×10^{-6}	0.68×10^{-6}	0.073×10^{-6}
Gd	2.20×10^{-6}	5.50×10^{-6}	4.87×10^{-6}	6.67×10^{-6}	4.28×10^{-6}	1.47×10^{-6}	1.39×10^{-6}	4.32×10^{-6}	5.30×10^{-6}	5.70×10^{-6}	5.64×10^{-6}	4.83×10^{-6}	3.03×10^{-6}	4.93×10^{-6}	4.58×10^{-6}	3.00×10^{-6}	4.61×10^{-6}	2.72×10^{-6}	2.88×10^{-6}	4.65×10^{-6}	0.31×10^{-6}
Tb	0.39×10^{-6}	0.86×10^{-6}	0.79×10^{-6}	1.05×10^{-6}	0.74×10^{-6}	0.28×10^{-6}	0.28×10^{-6}	0.70×10^{-6}	0.83×10^{-6}	0.85×10^{-6}	0.81×10^{-6}	0.70×10^{-6}	0.48×10^{-6}	0.73×10^{-6}	0.73×10^{-6}	0.47×10^{-6}	0.73×10^{-6}	0.42×10^{-6}	0.44×10^{-6}	0.75×10^{-6}	0.05×10^{-6}
Dy	3.07×10^{-6}	5.44×10^{-6}	5.03×10^{-6}	6.24×10^{-6}	4.87×10^{-6}	1.76×10^{-6}	2.34×10^{-6}	4.12×10^{-6}	4.80×10^{-6}	5.40×10^{-6}	4.96×10^{-6}	4.39×10^{-6}	3.53×10^{-6}	4.52×10^{-6}	4.37×10^{-6}	2.87×10^{-6}	4.80×10^{-6}	2.47×10^{-6}	2.69×10^{-6}	4.95×10^{-6}	0.31×10^{-6}
Ho	0.76×10^{-6}	1.11×10^{-6}	1.07×10^{-6}	1.29×10^{-6}	1.06×10^{-6}	0.45×10^{-6}	0.56×10^{-6}	0.87×10^{-6}	1.04×10^{-6}	1.24×10^{-6}	1.05×10^{-6}	0.95×10^{-6}	0.92×10^{-6}	0.92×10^{-6}	0.90×10^{-6}	0.69×10^{-6}	1.12×10^{-6}	0.57×10^{-6}	0.66×10^{-6}	1.17×10^{-6}	0.073×10^{-6}
Er	2.42×10^{-6}	3.03×10^{-6}	3.04×10^{-6}	3.58×10^{-6}	3.12×10^{-6}	1.50×10^{-6}	1.98×10^{-6}	2.68×10^{-6}	3.15×10^{-6}	3.33×10^{-6}	2.99×10^{-6}	2.76×10^{-6}	2.79×10^{-6}	2.49×10^{-6}	2.64×10^{-6}	1.96×10^{-6}	3.44×10^{-6}	1.67×10^{-6}	1.86×10^{-6}	3.61×10^{-6}	0.21×10^{-6}
Tm	0.40×10^{-6}	0.46×10^{-6}	0.47×10^{-6}	0.55×10^{-6}	0.50×10^{-6}	0.27×10^{-6}	0.35×10^{-6}	0.40×10^{-6}	0.46×10^{-6}	0.51×10^{-6}	0.44×10^{-6}	0.42×10^{-6}	0.40×10^{-6}	0.38×10^{-6}	0.42×10^{-6}	0.27×10^{-6}	0.45×10^{-6}	0.22×10^{-6}	0.32×10^{-6}	0.52×10^{-6}	0.033×10^{-6}
Yb	2.71×10^{-6}	3.00×10^{-6}	2.97×10^{-6}	3.22×10^{-6}	3.18×10^{-6}	1.95×10^{-6}	2.46×10^{-6}	2.86×10^{-6}	3.07×10^{-6}	3.15×10^{-6}	2.87×10^{-6}	2.75×10^{-6}	2.57×10^{-6}	2.53×10^{-6}	2.87×10^{-6}	1.75×10^{-6}	2.65×10^{-6}	1.49×10^{-6}	2.29×10^{-6}	3.62×10^{-6}	0.19×10^{-6}
Lu	0.40×10^{-6}	0.41×10^{-6}	0.46×10^{-6}	0.49×10^{-6}	0.46×10^{-6}	0.30×10^{-6}	0.42×10^{-6}	0.41×10^{-6}	0.48×10^{-6}	0.46×10^{-6}	0.43×10^{-6}	0.36×10^{-6}	0.38×10^{-6}	0.38×10^{-6}	0.43×10^{-6}	0.30×10^{-6}	0.37×10^{-6}	0.22×10^{-6}	0.36×10^{-6}	0.54×10^{-6}	0.031×10^{-6}
Y	22.8×10^{-6}	29.7×10^{-6}	31.2×10^{-6}	36.9×10^{-6}	29.9×10^{-6}	13.0×10^{-6}	17.2×10^{-6}	26.0×10^{-6}	35.5×10^{-6}	46.0×10^{-6}	34.5×10^{-6}	37.4×10^{-6}	36.5×10^{-6}	25.5×10^{-6}	29.0×10^{-6}	25.1×10^{-6}	51.6×10^{-6}	20.4×10^{-6}	20.3×10^{-6}	43.6×10^{-6}	0.6×10^{-6}
ΣREE	195.3	194.2	203.5	224.9	218.5	150.4	169.9	163.9	178.99	179.74	181.84	146.59	115.16	182.48	169.14	105.39	164.58	93.04	167.88	156.02	
δCe	0.73	0.81	0.80	0.79	0.80	0.71	0.77	0.80	0.81	0.66	0.76	0.62	0.34	0.82	0.79	0.82	0.60	0.74	0.80	0.55	
δEu	0.69	0.67	0.64	0.67	0.70	0.73	0.83	0.62	0.57	0.60	0.53	0.56	0.63	0.62	0.62	0.57	0.54	0.51	0.42	0.52	
ΣLREE	160.13	144.66	153.62	164.90	170.35	129.41	142.91	121.56	124.36	113.10	128.15	92.03	64.56	140.10	123.20	68.98	94.81	62.86	136.08	92.61	
ΣHREE	35.15	49.51	49.90	59.99	48.11	20.98	26.98	42.36	54.6	66.6	53.7	54.6	50.6	42.4	45.9	36.4	69.8	30.2	31.8	63.4	
ΣLREE/ΣHREE	4.56	2.92	3.08	2.75	3.54	6.17	5.30	2.87	2.28	1.70	2.39	1.69	1.28	3.31	2.68	1.90	1.36	2.08	4.28	1.46	
(La/Sm)N	8.88	3.53	4.09	3.21	4.98	9.65	12.06	3.70	3.42	3.68	3.57	3.23	5.78	3.81	3.74	3.51	4.35	3.62	5.39	3.98	
(La/Yb)N	10.43	6.75	7.38	7.14	7.95	12.09	9.92	6.10	5.61	5.56	6.52	5.12	5.36	7.96	6.17	5.63	6.36	6.30	8.74	4.30	

含量

续表 3-15

编号	TX-1	TX-2	TX-3	KY-1	KY-2	KYJ-1	KYJ-2	YL-01	YL-04	YL-08	YL-09	YL-10	YL-12	DF-1	DF-5	DF-6	球粒陨石
La	27.3×10^{-6}	22.3×10^{-6}	24.7×10^{-6}	35.1×10^{-6}	33.2×10^{-6}	54.7×10^{-6}	47.5×10^{-6}	40.2×10^{-6}	50.1×10^{-6}	47.5×10^{-6}	47.6×10^{-6}	44.2×10^{-6}	51.0×10^{-6}	41.4×10^{-6}	23.3×10^{-6}	27.7×10^{-6}	0.32×10^{-6}
Ce	51.2×10^{-6}	39.5×10^{-6}	40.8×10^{-6}	67.1×10^{-6}	63.4×10^{-6}	121.0×10^{-6}	66.7×10^{-6}	74.0×10^{-6}	81.3×10^{-6}	91.8×10^{-6}	92.8×10^{-6}	85.6×10^{-6}	99.5×10^{-6}	76.5×10^{-6}	41.2×10^{-6}	37.0×10^{-6}	0.94×10^{-6}
Pr	6.20×10^{-6}	4.90×10^{-6}	5.39×10^{-6}	7.99×10^{-6}	8.02×10^{-6}	15.15×10^{-6}	10.60×10^{-6}	9.13×10^{-6}	8.58×10^{-6}	9.74×10^{-6}	9.88×10^{-6}	9.25×10^{-6}	10.70×10^{-6}	8.93×10^{-6}	4.08×10^{-6}	6.06×10^{-6}	0.12×10^{-6}
Nd	24.6×10^{-6}	19.9×10^{-6}	21.5×10^{-6}	31.1×10^{-6}	31.4×10^{-6}	60.0×10^{-6}	43.5×10^{-6}	32.4×10^{-6}	28.6×10^{-6}	33.4×10^{-6}	34.2×10^{-6}	33.1×10^{-6}	36.9×10^{-6}	31.5×10^{-6}	13.5×10^{-6}	24.3×10^{-6}	0.6×10^{-6}
Sm	4.44×10^{-6}	3.74×10^{-6}	3.93×10^{-6}	6.05×10^{-6}	6.52×10^{-6}	14.35×10^{-6}	9.06×10^{-6}	6.90×10^{-6}	5.45×10^{-6}	6.06×10^{-6}	6.73×10^{-6}	6.87×10^{-6}	6.73×10^{-6}	5.94×10^{-6}	2.07×10^{-6}	5.18×10^{-6}	0.2×10^{-6}
Eu	0.79×10^{-6}	0.63×10^{-6}	0.82×10^{-6}	1.06×10^{-6}	1.29×10^{-6}	0.39×10^{-6}	1.23×10^{-6}	1.16×10^{-6}	1.04×10^{-6}	1.09×10^{-6}	1.20×10^{-6}	1.26×10^{-6}	1.25×10^{-6}	1.25×10^{-6}	0.38×10^{-6}	1.27×10^{-6}	0.073×10^{-6}
Gd	4.00×10^{-6}	3.92×10^{-6}	4.42×10^{-6}	5.23×10^{-6}	5.81×10^{-6}	12.50×10^{-6}	9.75×10^{-6}	6.48×10^{-6}	5.29×10^{-6}	5.55×10^{-6}	5.95×10^{-6}	5.61×10^{-6}	5.34×10^{-6}	5.53×10^{-6}	1.93×10^{-6}	5.97×10^{-6}	0.31×10^{-6}
Tb	0.62×10^{-6}	0.61×10^{-6}	0.68×10^{-6}	0.83×10^{-6}	0.83×10^{-6}	2.27×10^{-6}	1.68×10^{-6}	1.06×10^{-6}	0.77×10^{-6}	0.74×10^{-6}	0.90×10^{-6}	0.85×10^{-6}	0.78×10^{-6}	0.84×10^{-6}	0.28×10^{-6}	0.85×10^{-6}	0.05×10^{-6}
Dy	3.83×10^{-6}	3.85×10^{-6}	4.08×10^{-6}	4.67×10^{-6}	4.83×10^{-6}	13.95×10^{-6}	11.60×10^{-6}	6.89×10^{-6}	4.84×10^{-6}	4.67×10^{-6}	5.16×10^{-6}	4.89×10^{-6}	4.35×10^{-6}	5.24×10^{-6}	1.87×10^{-6}	5.52×10^{-6}	0.31×10^{-6}
Ho	0.79×10^{-6}	0.88×10^{-6}	0.93×10^{-6}	0.97×10^{-6}	1.06×10^{-6}	2.90×10^{-6}	2.68×10^{-6}	1.56×10^{-6}	0.96×10^{-6}	0.92×10^{-6}	1.05×10^{-6}	0.97×10^{-6}	0.87×10^{-6}	1.03×10^{-6}	0.38×10^{-6}	1.18×10^{-6}	0.073×10^{-6}
Er	2.52×10^{-6}	2.64×10^{-6}	2.71×10^{-6}	2.83×10^{-6}	2.82×10^{-6}	8.79×10^{-6}	8.63×10^{-6}	4.97×10^{-6}	2.73×10^{-6}	2.72×10^{-6}	2.86×10^{-6}	2.72×10^{-6}	2.58×10^{-6}	3.10×10^{-6}	1.27×10^{-6}	3.33×10^{-6}	0.21×10^{-6}
Tm	0.34×10^{-6}	0.38×10^{-6}	0.42×10^{-6}	0.42×10^{-6}	0.41×10^{-6}	1.26×10^{-6}	1.32×10^{-6}	0.82×10^{-6}	0.44×10^{-6}	0.45×10^{-6}	0.45×10^{-6}	0.43×10^{-6}	0.39×10^{-6}	0.47×10^{-6}	0.19×10^{-6}	0.46×10^{-6}	0.033×10^{-6}
Yb	2.51×10^{-6}	2.74×10^{-6}	2.42×10^{-6}	2.95×10^{-6}	2.79×10^{-6}	9.65×10^{-6}	8.60×10^{-6}	5.79×10^{-6}	3.00×10^{-6}	2.73×10^{-6}	2.78×10^{-6}	2.71×10^{-6}	2.57×10^{-6}	3.07×10^{-6}	1.35×10^{-6}	2.56×10^{-6}	0.19×10^{-6}
Lu	0.37×10^{-6}	0.39×10^{-6}	0.41×10^{-6}	0.38×10^{-6}	0.43×10^{-6}	1.19×10^{-6}	1.24×10^{-6}	0.87×10^{-6}	0.44×10^{-6}	0.42×10^{-6}	0.42×10^{-6}	0.39×10^{-6}	0.35×10^{-6}	0.45×10^{-6}	0.20×10^{-6}	0.35×10^{-6}	0.031×10^{-6}
Y	24.3×10^{-6}	30.0×10^{-6}	33.9×10^{-6}	28.9×10^{-6}	30.1×10^{-6}	71.8×10^{-6}	111.0×10^{-6}	45.5×10^{-6}	31.6×10^{-6}	28.9×10^{-6}	33.5×10^{-6}	29.8×10^{-6}	26.3×10^{-6}	32.9×10^{-6}	13.5×10^{-6}	54.0×10^{-6}	
ΣREE	153.81×10^{-6}	136.38×10^{-6}	147.11×10^{-6}	195.58×10^{-6}	192.91×10^{-6}	389.90×10^{-6}	335.09×10^{-6}	238×10^{-6}	225×10^{-6}	237×10^{-6}	245×10^{-6}	229×10^{-6}	250×10^{-6}	218×10^{-6}	106×10^{-6}	176×10^{-6}	
δCe	0.80	0.76	0.71	0.81	0.79	0.87	0.60	0.78	0.76	0.85	0.85	0.85	0.85	0.80	0.82	0.57	
δEu	0.62	0.55	0.66	0.62	0.69	0.10	0.44	0.57	0.64	0.62	0.62	0.66	0.67	0.72	0.63	0.77	
ΣLREE	114.53×10^{-6}	90.97×10^{-6}	97.14×10^{-6}	148.40×10^{-6}	143.83×10^{-6}	265.59×10^{-6}	178.59×10^{-6}	163.8×10^{-6}	175.1×10^{-6}	189.6×10^{-6}	192.4×10^{-6}	180.3×10^{-6}	206.1×10^{-6}	165.5×10^{-6}	84.5×10^{-6}	101.5×10^{-6}	
ΣHREE	39.3×10^{-6}	45.4×10^{-6}	50.0×10^{-6}	47.2×10^{-6}	49.1×10^{-6}	124.3×10^{-6}	156.5×10^{-6}	73.94×10^{-6}	50.07×10^{-6}	47.10×10^{-6}	53.07×10^{-6}	48.37×10^{-6}	43.53×10^{-6}	52.63×10^{-6}	20.97×10^{-6}	74.22×10^{-6}	
ΣLREE/ΣHREE	2.916	2.003	1.944	3.145	2.931	2.137	1.141	2.22	3.50	4.03	3.63	3.73	4.73	3.14	4.03	1.37	
$(La/Sm)_N$	3.84	3.73	3.93	3.63	3.18	2.38	3.28	3.64	5.75	4.90	4.42	4.02	4.74	4.36	7.04	3.34	
$(La/Yb)_N$	6.46	4.83	6.06	7.06	7.07	3.37	3.28	4.12	9.92	10.33	10.17	9.68	11.78	8.01	10.25	6.42	

注：测试单位为澳实分析检测（广州）有限公司。

为 166.46×10^{-6}、237.22×10^{-6}，分别高于大陆上地壳（UCC）稀土元素平均含量及北美页岩稀土元素总量，显示稀土元素具富集特征。

黔北凤冈黑色页岩的 ΣREE 均值为 161.04×10^{-6}，稍高于大陆上地壳（UCC）稀土元素平均含量。

各研究区牛蹄塘组黑色页岩中稀土元素总量变化显示从东部向中部有增高趋势，但到黔西织金、大方一带至黔北一带，稀土元素总量呈现下降趋势。总体体现了黑色页岩稀土元素总量变化与不同沉积环境的相关性。

稀土元素分异程度可用轻稀土总量与重稀土总量的比值 ΣLREE/ΣHREE 值与 $(La/Sm)_N$ 值表示，ΣLREE/ΣHREE 值与 $(La/Sm)_N$ 值越大，轻稀土富集越多。研究区黑色页岩 ΣLREE/ΣHREE 值为 $1.28 \sim 6.17$，$(La/Sm)_N$ 值为 $3.21 \sim 12.06$；但各研究区 ΣLREE/ΣHREE 均值除织金较大，为 4.05 外，其余较为集中分布在 $2.03 \sim 3.64$，也体现了稀土元素在地质、地球化学活动中的整体性和一致性。同时表明黑色页岩稀土元素分异程度较大，大部分样品中轻稀土富集更为明显。ΣLREE/ΣHREE 和 $(La/Sm)_N$ 均值，毕节织金黑色页岩最大，分别为 4.05 和 6.63；$(La/Yb)_N$ 均值，龙马溪最大，为 9.33，轻稀土富集更为明显。

稀土元素北美页岩标准化图中曲线分布较为平坦，同时总体体现幅度不大的向右倾斜并呈现帽状形状，反映出大陆上地壳的稀土元素具有轻稀土富集、重稀土含量稳定及正常海相沉积的特征。

$(La/Sm)_N$ 值可以作为确认海底成岩物质来源的参考依据，当 $(La/Sm)_N > 1$ 时，表明成岩物质有地幔及深部物质加入；而区内岩石的 $(La/Sm)_N$ 值，其平均值除开阳黑色页岩为 0.89 外，其余地区为 $1.10 \sim 6.63$，表明研究区内海底成岩物质中有幔源及深部物质加入。

La/Ce 值可以反映其沉积环境及流体来源，即当海相沉积物中的 La/Ce<1 时，可认为其沉积过程受到热水作用的影响[8]。从表中可知，织金黑色页岩的 La/Ce 平均值为 0.57；凤冈黑色页岩除 1 个样的 La/Ce 平均值为 1.32 外，其余平均值为 0.59；天马、天星、大方、开阳和龙马溪的 La/Ce 值变化范围很小，平均值分别为 0.62、0.65、0.62、0.55、0.54；研究区内整体的 La/Ce 平均值为 0.60。研究区内四个区块的黑色页岩 La/Ce 值变化范围较为集中，也反映了黑色页岩中稀土元素的演化特征，与黑色页岩中稀土元素的整体演化的一致性关联。La 元素是稀土元素中最稳定的元素之一。Ce 元素在还原条件下比较稳定，而在强氧化环境条件下，Ce^{3+} 易氧化成 Ce^{4+}，导致明显的负异常出现。研究区 La/Ce 值比较集中，表明 Ce 元素较为稳定，从侧面证明了黑色页岩形成环境主要为较强的还原环境。

将各研究区黑色页岩的 La、Ce 含量平均值投入 La-Ce 关系图 3-28 中，数据点均落在<1 且接近 0.25 的区域，其平均值分布于 $0.54 \sim 0.71$，表明研究区黑色页岩受到一定程度的热水沉积作用影响。黑色页岩中 La/Ce 值变化同时表明了研究区内早寒武世黑色页岩是正常海水与热水沉积作用的混合产物。

各研究区样品的 La/Yb 平均值数据分布于 $8.75 \sim 15.72$，将数据投入 La/Yb-REE 关系图 3-29 中，绝大部分落在沉积岩和玄武岩边缘过渡相区域，证明其在沉积过程中有深部热水活动的参与。沉积物源中有部分来源于深部幔源物质。

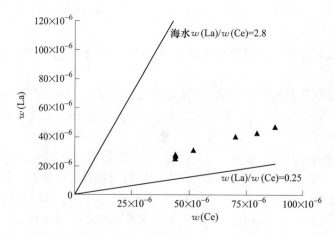

图 3-28　研究区黑色页岩的 La-Ce 关系图

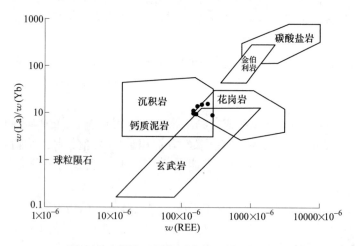

图 3-29　研究区黑色页岩的 La/Yb-REE 图

　　三个地区 δCe 均值相差不大，具有负异常特征。δCe 均值分别为织金 0.77、凤冈 0.78、天马 0.86、天星 0.88、开阳 0.89、龙马溪 0.97 和大方 0.86，除 FG-6 号样品 δCe 值较低外，其余样品 δCe 取值范围在 0.41～1，δCe 值均小于 1，δCe 均值分布于 0.77～0.97。研究区黑色页岩具有较低的 Ce 负异常特征，表明研究区黑色页岩主要形成于还原的海水沉积环境，形成过程主要受陆源碎屑输入影响[58]。

　　δEu 除 KYJ-1 号样品外，其余样品分布在 0.42～0.83，但各研究区黑色页岩的 δEu 平均值分布于 0.64～0.97，具有负异常特征，大陆上地壳的稀土元素具有轻稀土富集、重稀土含量稳定和明显负 Eu 异常等特征[9-10]。综上分析，研究区黑色页岩形成于大陆边缘区，物质来源受陆源、幔源及深部来源控制。

3.5　本 章 小 结

　　（1）岩石光薄片鉴定、X 射线衍射分析、扫描电镜配合能谱分析以及电子探针分析结果均表明，研究区黑色页岩主要含石英和黏土矿物，次要矿物见黄铁矿、钾长石、钠长石、白云石及方解石等。石英含量均值为 45.23%。黏土矿物平均含量为 34.87%，研究区黏土矿物主要为伊利石，同时含部分伊蒙混层、高岭石、绿泥石等。扫描电镜下观察发现有机质充填于黄铁矿和黏土矿物裂隙中。

（2）研究结果表明研究区黑色页岩化学成分以 SiO_2 为主，含量为 28.60%~80.07%，其次为 Al_2O_3、Fe_2O_3 和 K_2O，含量分别为 2.89%~21.02%（平均含量 11.72%）、1.75%~34%（平均含量 5.81%）和 0.59%~5.58%（平均含量 2.90%）。剩余化学组分 MgO、TiO_2、CaO、BaO、Na_2O、P_2O_5 等的含量相对较低。

（3）研究区黑色页岩 As、Mo、Pb、W 等元素含量富集最为明显。As 的富集倍数最高，为 443 倍；其次 W 富集倍数为 363 倍；Ba、Cu、Zn 元素也存在一定富集，倍数分别为 14.2 倍、2.83 倍、2.61 倍。靠近底部多金属层，金属元素较为丰富，Mo、Pb、Co 等含量较高。同时黑色页岩形成过程中受到热水沉积作用的影响。研究区 V/Cr、Ni/Co、V/Ni 与 V/（V+ Ni）值表明黑色页岩多形成于缺氧沉积环境，毕节织金地区黑色页岩可能形成于缺-富氧过渡环境中。

（4）黑色页岩稀土元素特征分析发现 Ce 与 Eu 均具有负异常特征，表明研究区黑色页岩形成于大陆边缘区还原的沉积环境，物质来源主体可能是陆源碎屑。$\sum$LREE/$\sum$HREE 值、$(La/Sm)_N$ 值、$(La/Yb)_N$ 值及球粒陨石化标准曲线均表明黑色页岩中稀土元素属轻稀土富集、重稀土相对亏损型。

4 黑色页岩有机质特征研究

研究区黑色页岩中有机质特征与页岩气等资源利用有密切关系，尤其对页岩气生成与储集有着重要控制作用。研究表明，页岩气储量与有机质三大特性有关。其一，页岩中原始沉积有机质数量，即有机碳含量；其二，有机质成因联系与原始页岩气生成能力，即有机质类型；其三，页岩中有机质转化为页岩气的程度，即有机质演化程度。王祥等人[93]认为影响页岩气富集的因素主要有总有机碳、有机质类型和成熟度、储层孔隙度、地层压力及裂缝发育程度等。

本章主要研究了黑色页岩中有机质丰度、有机质类型、有机质成熟度等特征。由于毕节织金地区样品取自剖面露头，受风化作用影响，不利于有机质原始特征研究，所以本章研究样品仅包括遵义凤冈和黔东南岑巩两个地区的样品。

4.1 黑色页岩有机质丰度

有机碳（TOC）含量是衡量有机质丰度的常用指标。遵义凤冈、黔东南岑巩及织金研究区黑色页岩残留有机碳含量测定在贵州省煤田地质局实验室及非金属矿产资源综合利用研究实验室采用 WR-12 型有机碳测试仪测试完成，测试结果见表 4-1。

表 4-1 遵义凤冈、黔东南岑巩、织金地区及其邻区有机碳含量

井位/实测剖面	样品编号	TOC 含量/%	分布位置
凤参 1 井	FG-1	2.52	凤冈县党湾乡刘家寨村
凤参 1 井	FG-2	4.74	凤冈县党湾乡刘家寨村
凤参 1 井	FG-3	6.43	凤冈县党湾乡刘家寨村
凤参 1 井	FG-4	6.55	凤冈县党湾乡刘家寨村
凤参 1 井	FG-5	4.10	凤冈县党湾乡刘家寨村
ZK2 井	ZK2-24	5.92	凤冈县麻湾洞
具合村实测剖面	FG-9	1.6	凤冈县具合村
凤冈研究区	均值	4.55	
天马 1 井	Tm-1	1.73	岑巩县天星乡
天马 1 井	Tm-2	4.04	3.67
天马 1 井	Tm-4	6.85	
天马 1 井	Tm-5	2.25	岑巩县天星乡
天马 1 井	Tm-7	3.50	岑巩县天星乡
天马 1 井	Tm 均值	3.67	

井位/实测剖面	样品编号	TOC 含量/%	分 布 位 置
天星 1 井	TX-1	1.88	岑巩县天星乡
天星 1 井	TX-2	4.45	岑巩县天星乡
天星 1 井	TX-3	4.03	岑巩县天星乡
天星 1 井	TX 均值	3.45	
岑巩研究区	均值	4.04	
绥页 1 井	SY1-65	4.04	绥阳县青杠塘镇后槽村
正页 1 井	ZY1-34	6.85	正安县柿坪乡大千村
湄页 1 井	MY1	3.50	湄潭县高台镇三联村
张家坝实测剖面	ZJB-2	5.76	印江县永义乡张家坝村
庙子湾实测剖面	MZW-5	4.82	遵义县毛石镇庙子湾村
中南村实测剖面	ZNC-7	5.31	遵义县松林镇中南村
大湾村实测剖面	DW-1	2.15	仁怀市中枢镇大湾村
遵义其他地区	均值	4.63	遵义地区
织金马家桥	MH-A	2.94	织金新华
织金马家桥	MH-B	0.96	织金新华
织金垱口	YH-1	0.79	织金新华高桥
织金垱口	YH-2	0.94	织金新华高桥
织金大坪	DH-A	2.27	织金戈仲武
织金大寨	DZH-1	3.01	织金熊家场
织金打麻厂	YZF	1.93	织金岔河
织金地区	均值	1.83	

注：1. 凤参 1 井、天马 1 井样品在煤田地质局实验室测试；

2. 织金研究区数据于非金属矿产资源综合利用重点实验室测试完成；

3. 其余数据均来源于文献 [4]。

遵义凤冈研究区黑色页岩原始有机碳含量除一个样外，大多分布于 2.52% ~ 6.55%，均值为 4.55%；黔东南岑巩天马黑色页岩原始有机碳含量为 1.73% ~ 6.85%，均值为 3.67%；天星黑色页岩原始有机碳含量为 1.88% ~ 4.45%，均值为 3.45%。岑巩研究区原始有机碳含量均值为 4.04%；遵义其他地区黑色页岩有机碳含量为 2.15% ~ 6.85%，均值为 4.63%。遵义与黔东南两个研究区黑色页岩原始有机碳含量相差不大，有机碳含量均大于 2%。总体含量较高，且远高于北美页岩气开发的有机碳含量大于 2% 条件。

贵州织金黑色页岩中残留碳含量为 0.79% ~ 3.01%，均值为 1.83%，接近北美页岩气开发的有机碳含量界限。

生烃潜量可通过岩石热解分析参数已生成烃量 S_1 与潜在生烃量 S_2 之和求得。遵义凤冈和黔东南岑巩黑色页岩生烃潜量测试在贵州省煤田测试中心完成。研究区黑色页岩生烃潜量见表 4-2。

遵义凤冈黑色页岩生烃潜量为 0.0028 ~ 0.2767mg/g，均值为 0.1171mg/g；黔东南天马生烃潜量为 0.0081 ~ 0.1462mg/g，均值为 0.0431mg/g；天星生烃潜量为 0.006 ~ 0.1089mg/g。而且存在随深度增加，生烃潜量先增加后减少趋势，这与有机碳含量具有一致特征。总体来看研究区黑色页岩生烃潜量较小，均小于 0.5mg/g。

　　研究区黑色页岩原始有机碳（有机质丰度）平均含量在 1.83% ~ 4.63%（均值 3.63%）；凤冈、岑巩研究区氯仿沥青 "A" 分布范围为 0.0136% ~ 0.0158%，均值为 0.015%，分布范围较窄；有机质丰度较高，但总体生烃潜量较小，生烃潜量为 0.0028 ~ 0.2726mg/g。凤冈均值为 0.1171mg/g，天马均值为 0.0431mg/g，天星均值为 0.0485mg/g，开阳均值为 0.0875mg/g，有机质丰度和生烃潜力的变化可能主要与烃源岩的生、排烃效率有关。

　　从有机质丰度来看，按照烃源岩评价标准（表 4-2 ~ 表 4-5），该套暗色地层均达不到生油岩的下限标准，但平均有机碳含量超过了气源岩标准（0.1%），所以，该套黑色页岩可作为该区的气源岩。

表 4-2　研究区黑色页岩生烃潜量

编　　号	游离烃 S_1/mg·g^{-1}	裂解烃 S_2/mg·g^{-1}	生烃潜量（S_1+S_2）/mg·g^{-1}
FG-1	0.0342	0.0670	0.1012
FG-2	0.0521	0.1483	0.2004
FG-3	0.0746	0.2021	0.2767
FG-4	0.0037	0.0009	0.0046
FG-5	0.0020	0.0008	0.0028
FG（凤冈均值）		0.1171	
Tm-2	0.0071	0.0010	0.0081
Tm-4	0.0129	0.1333	0.1462
Tm-6	0.0086	0.0011	0.0097
Tm-7	0.0072	0.0010	0.0082
Tm（天马均值）		0.0431	
TX-1	0.0053	0.0007	0.0060
TX-2	0.0152	0.0937	0.1089
TX-3	0.0131	0.0176	0.0307
TX（天星均值）		0.0485	
KY-1	0.0074	0.0595	0.0669
KY-2	0.0119	0.0961	0.1080
KY（开阳均值）		0.0875	

表 4-3　烃源岩定量评价分级表

烃源岩分级	S_1+S_2（岩石）/mg·g^{-1}	C_p/%
极好	>20	>1.66
好	6~20	0.5~1.66
中等	2~6	0.17~0.5
差	<2	<0.17

表 4-4 研究区黑色页岩岩石热解参数

样品编号	TOC含量/%	采样深度/m	岩石热解参数							
			S_0 /mg·g^{-1}	S_1 /mg·g^{-1}	S_2 /mg·g^{-1}	I_H /mg·g^{-1}	C_p /%	I_{HC} /mg·g^{-1}	D/%	T_{max} /℃
FGD-1	2.52	2447.18	0.001	0.0342	0.067	265.87	0.0085	139.68	33.73	564.2
FGD-2	4.74	2454.91	0.0002	0.0521	0.1483	312.87	0.017	110.34	35.86	381.6
FGD-3	6.43	2488.77	0.0008	0.0746	0.2021	314.31	0.034	117.26	52.88	392.6
FGD-4	6.55	2496.15	0.0001	0.0037	0.0009	1.37	0.0004	5.80	0.61	564.2
FGD-5	4.10	2528.20	0.0009	0.0020	0.0008	1.95	0.0003	7.07	0.73	564.2
KYD-1	2.02	1019.40	0.0011	0.0074	0.0595	294.55	0.0056	42.08	27.72	564.2
KYD-2	4.04	1240.20	0.0003	0.0119	0.0961	237.87	0.0090	30.20	22.28	564.2
TMD-1	1.73	1418.56	0.0008	0.008	0.001	5.78	0.0008	50.87	4.62	564.2
TMD-2	4.04	1432.65	0.0007	0.0071	0.001	2.48	0.0007	19.31	1.73	564.2
TMD-4	6.85	1447.82	0.0008	0.0129	0.1333	194.60	0.0122	20.00	17.81	564.2
TMD-6	2.25	1467.02	0.0002	0.0086	0.0011	4.89	0.0008	39.11	3.56	564.2
TMD-7	3.50	1478.64	0.0012	0.0072	0.001	2.86	0.0005	24.00	1.43	564.2
TXD-1	1.88	1771.50	0.0003	0.0053	0.0007	3.72	0.0005	29.79	2.66	564.2
TXD-2	4.45	1788.50	0.001	0.0152	0.0937	210.56	0.0091	36.40	20.45	564.2
TXD-3	4.03	1811.10	0.0015	0.0131	0.0176	43.67	0.0027	36.23	6.70	564.2

注：1. C_p 为有效碳，$C_p(\%)=(S_0+S_1+S_2)\times0.083$，表示能生成油气的有机碳；

2. I_{HC} 为烃指数，$I_{HC}(mgHC/gTOC)=(S_0+S_1)/TOC\times100$，反映残留烃量；

3. D 为降解潜力，$D(\%)=(C_p/TOC)\times100$，用来判别有机质类型。

表 4-5 黑色页岩(烃源岩)有机质丰度评价

演化阶段	有机质类型	评价参数	烃源岩级别				
			很好	好	中等	差	非
未成熟—成熟	I - II₁	有机碳/%	>2	1~2	0.5~1	0.3~0.5	<0.3
		(S_1+S_2)/mg·g^{-1}	>10	5~10	2~5	0.5~2	<0.5
		"A"/%	>0.25	0.15~0.25	0.05~0.15	0.03~0.05	<0.05
		总烃	>1000×10^{-6}	500×10^{-6}~1000×10^{-6}	150×10^{-6}~500×10^{-6}	50×10^{-6}~150×10^{-6}	<50×10^{-6}
高成熟—过成熟	I - II₁	有机碳/%	>1.2	0.8~1.2	0.4~0.8	0.2~0.4	<0.2

4.2 有机质类型

研究区 5 个凤冈样品、8 个岑巩样品及 2 个开阳样品的干酪根类型测试，在贵州省煤田地质测试分析中心完成。测试结果表明该主要研究区内有机质均属深成阶段末期腐泥型，主要类型属 I 型。

根据研究区内烃源岩有机地化分析数据，有机碳含量均值达到 3.63%，氯仿沥青

"A"均值为 0.0157%（见表 4-6），上述数据表明，研究区黑色页岩除有机碳含量达到较好生油岩标准外，其余均未达标。研究资料表明北美页岩气以Ⅰ型干酪根与Ⅱ型干酪根为主，也有部分Ⅲ型。无论是Ⅰ型、Ⅱ型还是Ⅲ型干酪根，在热演化程度较高时，都可以生成大量天然气，因此有机质的成熟度是油气生成的关键[11]。

表 4-6 烃源岩有机质类型划分

有机质类型		Ⅰ	Ⅱ₁	Ⅱ₂	Ⅲ
氯仿沥青"A"	饱/芳	>3.0	1.6~3.0	<1.6	<1.0
岩石热解参数	L_H	>500	350~500	100~350	<100
	D	>70	30~70	10~30	<10

4.3 有机质成熟度

镜质体反射率（R_o）是表征生油岩成熟度的一个重要指标。岑巩天马黑色页岩 R_o 值为 2.61%~2.91%，均值为 2.76%；遵义凤冈 R_o 值为 2.47%~2.67%，均值为 2.76%（见表 4-7）。研究区 $R_o \geqslant 1.6\%$，其 T_{max} 都高于 490℃，见表 4-4，表明干酪根已经处于过成熟阶段，属于干气。一般当 $R_o > 1.0\%$ 时更易于生气，在 1.0%~2.0% 时为生气窗，当 $R_o > 1.3\%$ 时则生成干气；$R_o < 0.5\%$ 时为未成熟阶段，在 0.4%~0.6% 时可生成生物成因气。据统计，美国五大产气页岩的热成熟度临界值 0.4%~0.6%，热成熟度为 0.6%~2.0% 时处于成熟阶段。干酪根类型和成熟度关系：Ⅰ型干酪根主要处于生气期，R_o 为 1.2%~2.3%；Ⅱ型干酪根的 R_o 为 1.1%~2.6%；Ⅲ型干酪根的 R_o 为 0.7%~2.0%。该研究区一些地区黑色页岩有可能成为气源岩[12]。

表 4-7 镜质体反射率测定结果

采样编号	岩性	采样深度	R'_{oran}	R'_{omax}	标准差 S	R_{omin}	R_{omax}	测点数
XTM-4	黑色页岩	—	2.75	3.14	0.09	2.65	2.91	8
XTM-6	黑色页岩	—	2.53	2.79	0.07	2.43	2.61	10
XF6-3	黑色页岩	—	2.54	2.84	0.08	2.44	2.67	8
XF6-4	黑色页岩	—	2.37	2.52	0.07	2.30	2.48	5
XF6-6	黑色页岩	—	2.42	2.57	0.04	2.36	2.47	5

注：样品在贵州省煤田地质测试分析中心进行测试。

4.4 黑色页岩中有机碳含量与相关元素富集特征

大量研究表明，有机质在金属元素迁移、转化、富集与成矿方面都发挥着重要作用。黑色页岩中含有较多有机物，主要来源于低等的藻类、浮游动物和细菌等。金属元素经有机质络合或螯合作用可大量富集，经有机质直接或间接参与金属元素的初步富集可形成矿源层[13]。有机质演化过程中，在较高的温度和压力下的有机质会发生热降解，生成大量的烷烃和游离基，新形成的活泼的有机化合物在热液作用的影响下又易与沉积物中的金属组分结合，形成溶解度较大的有机金属络合物[14]，最终因被有机质吸附而被固定。

综合研究表明，该研究区黑色页岩微量元素 As、Mo、Pb 等含量上具有明显的富集，这可能与有机质存在一定关系。研究区部分有机碳（TOC）含量与金属元素含量如表4-8所示。据此绘制各金属元素含量与有机碳含量关系图，可以得出 Mo、V、Ni 元素含量与有机碳含量具有一定的线性相关性，Mo、V、Ni 元素含量随有机碳含量增加而增加，As、Cr、Pb 元素含量与有机碳含量相关性较小。研究资料表明黔北地区下寒武统黑色页岩中 U 的浓集系数为 3.98，受有机质强吸附作用影响，有机质与 U 元素之间呈正相关关系[15-17]。

表4-8 黑色页岩部分金属元素含量   （μg/g）

编　号	As	Cr	Mo	Pb	V	Ni
FG-1	14	99	44	15	516	92
FG-4	35	88	71	14	554	141
Tm-2	95	86	80	28	411	129
Tm-4	65	65	155	24	454	257
Tm-7	61.7	110	56.4	132.5	290.1	53.2
MH-A	65	123	42	126	296	87
MH-B	19	83	10	40	145	52
YH-1	21	116	32	36	437	24
YH-2	11	90	5	57	157	45
DH-A	15	97	7	50	159	67
DZH-1	219	85	199	1540	301	29
YZF	81.6	106	99.6	132.5	357	68.7

注：测试单位为澳实分析检测（广州）有限公司。

5 页岩气储层微观孔隙结构特征

近期发表的研究实例和数据证明在页岩内部存在众多的微米级、纳米级等微孔隙[18-21]，构成了页岩气储层中最重要的储集空间，对页岩气的储存起到了重要的控制作用[22-23]。与常规储集层相比，页岩储层的孔裂隙直径更加细小，几何形态、分布、成因及控制因素更加复杂[24]。

页岩孔隙特性是页岩储层评价的关键要素。页岩气的赋存形式主要有 3 种：游离态、吸附态及溶解态。其中以游离态和吸附态为主，溶解态仅少量存在。页岩气主要赋存于黑色页岩储层孔裂隙中。

5.1 页岩气储层孔裂隙分类

目前页岩气储层孔裂隙分类较为混乱，各种分类的划分标准不一，缺乏统一的概念术语。典型代表如下：

Slatt 和 O'Brine 基于 Barnett 和 Woodford 页岩中孔隙类型的相关研究，将其中的孔隙类型划分为黏土絮体间孔隙、有机孔隙、粪球粒内孔隙、化石碎屑内孔隙、颗粒内孔隙和微裂缝通道 6 种[25]。

2014 年，何建华等在 Slatt 等的研究基础上做了比较系统完整的基于孔隙成因类型的页岩储层分类方案[26]，即按孔隙成因划分为原生沉积型孔隙、成岩后生改造型孔隙及混合成因型孔隙三大类，具有广泛的借鉴意义。

5.2 页岩气系统孔隙表征方法研究进展

当前开展的页岩气系统孔隙表征研究主要采用以下研究方法：

（1）图像分析法。利用透射电子显微镜（TEM）、扫描电子显微镜（SEM）、原子力显微镜（AFM）等微区观察技术。本书相关研究主要采用扫描电子显微镜（SEM）配合能谱分析的方法。

（2）流体注入技术。流体注入法通过将汞等非润湿性流体及 N_2、CO_2 等气体在不同的压力下注入样品并记录注入量，采用不同的理论方法计算，以获取孔径分布、比表面积等信息。其实验过程相对简单，获取的数据相对全面，因而在目前页岩气储层孔隙研究中应用最为广泛。

（3）气体等温吸附。气体等温吸附是在等温条件下将 N_2、CO_2 等探针气体注入样品，记录不同压力下探针气体在介质表面的吸附量，利用理论模型计算，以揭示样品的表面及孔隙特性的方法。

（4）非流体注入技术。

（5）核磁共振技术（Nuclear Magnetic Resonance，NMR）。

（6）计算机断层成像（Computed Tomography，CT）。

5.3 黑色页岩孔裂隙表征研究

综合张琴[27]、魏祥峰[28]等前人研究资料，本书黑色页岩孔裂隙表征研究方案如下：

（1）储集空间类型及特征。

（2）孔隙结构特征。

（3）黑色页岩孔隙分布特征。

（4）页岩气储层微观孔隙结构的控制因素。

5.3.1 储集空间类型及特征

5.3.1.1 孔隙

按照储集空间类型及特征分类方式，首先考虑孔隙类型划分，黑色页岩中孔隙主要划分为以下类型：残余原生粒间孔、晶间孔、矿物铸模孔、次生溶蚀孔、黏土矿物间微孔、有机质孔。

A 残余原生粒间孔

该类孔隙表述为原生粒间孔，是指在成岩演化过程中，由于压实及胶结作用，原生孔隙内部空间被压缩，但矿物骨架颗粒之间未受到明显溶蚀作用而形成的孔隙。

粒间孔（包括原生粒间孔和剩余粒间孔）在镜下表现出如下特征：孔隙内看不到被溶矿物残余，孔隙形态较规则，碎屑边缘看不出有溶蚀的痕迹；有胶结矿物时，胶结物边缘呈规则状，与孔隙之间界线清晰（见图5-1）。

B 晶间孔

晶间孔是成岩作用中形成的孔隙，如自生高岭石、网状黏土等结晶粗大的黏土矿物晶体之间的孔隙，即常出现在结晶较好的黏土矿物集合体内或晶粒状矿物之间。其具体特征如图5-2所示。

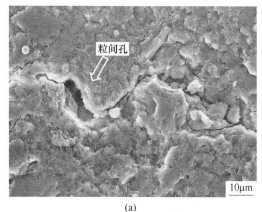

(a)

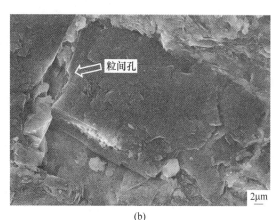

(b)

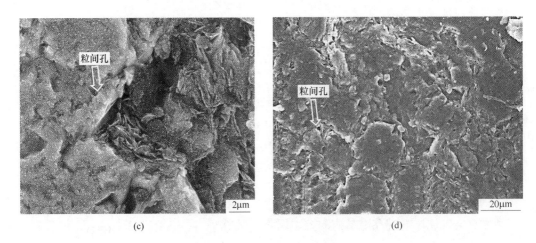

图 5-1　黑色页岩中矿物粒间孔

(a)（b）龙马溪组 YY-267 号样品；

(c)龙马溪组 YY-259 号样品；(d)龙马溪组 YY-269 号样品

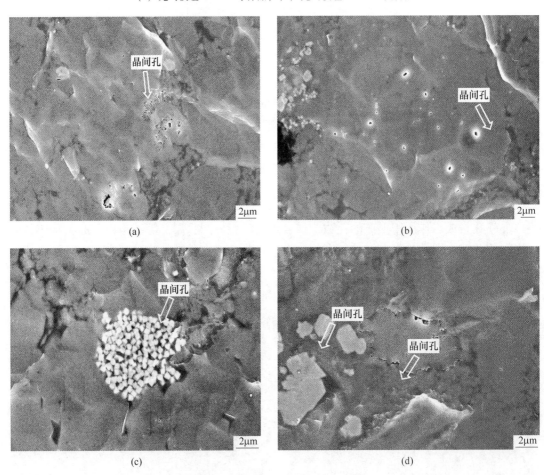

图 5-2　黑色页岩中矿物晶间孔

(a)（b）龙马溪组 YY-579 号样品；

(c)龙马溪组 YY-580 号样品；(d)岑巩牛蹄塘组 TX-2 号样品

C 矿物铸模孔

铸模孔（又称溶模孔）指具颗粒外形并与颗粒等大的碎屑溶孔。此类孔隙是在强烈的选择性溶解作用下，颗粒或晶粒被完全溶解，但仍保留原来颗粒或晶粒外形的一类孔隙。其主要类型有鲕粒铸模孔、生物铸模孔、石膏或石盐晶体铸模孔等。其与粒内溶孔的区别主要在于铸模孔的颗粒或晶粒被完全溶解，仅保留外部的幻影[29]。溶蚀作用具有比较严格的选择性时，相对易溶的颗粒被完全溶解后就会留下一个大小和形态等同于已溶颗粒的溶孔，称为铸模孔。铸模孔的具体特征如图 5-3 所示。

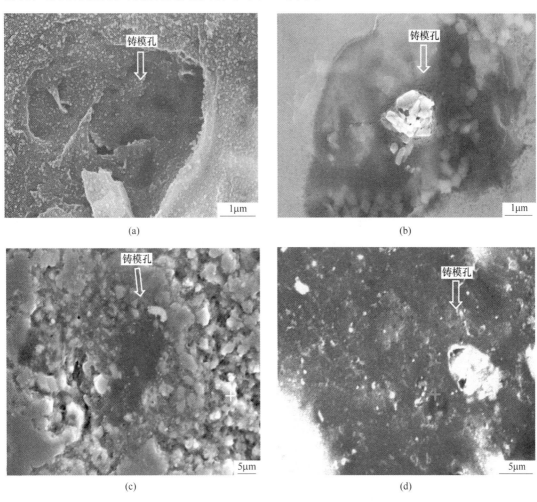

图 5-3 黑色页岩中矿物铸模孔（溶模孔）
（a）开阳牛蹄塘组 Y259 号样品；（b）开阳牛蹄塘组 Y579 号样品；
（c）岑巩牛蹄塘组 Tm-4 号样品；（d）凤冈牛蹄塘组 FG-6 号样品

D 次生溶蚀孔

在岩石形成后，由次生作用形成的孔隙称为次生孔隙，如淋滤作用、溶解作用、交代作用、重结晶作用等成岩作用所形成的孔隙和孔洞及各种构造作用所形成的裂缝等。次生溶蚀孔指由于填隙物、骨架颗粒或交代物等可溶物质的迁移而形成的孔隙。其具体特征如图 5-4 所示。

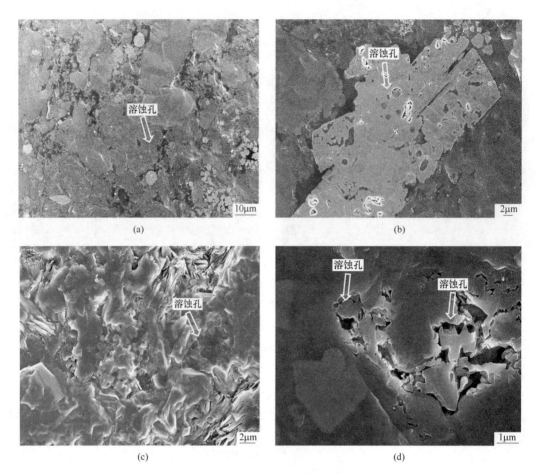

图 5-4 黑色页岩中矿物溶蚀孔
（a）牛蹄塘组 FG-4 号样品；（b）（d）龙马溪组 YY-581 号样品；
（c）龙马溪组 YY-588 号样品

E 黏土矿物间微孔

研究资料表明，黏土颗粒之间也存在粒间孔隙，由于黏土颗粒细小，富黏土岩中的粒间孔隙非常小，经常为数十纳米至几微米。黏土矿物均为具层状结构的铝硅酸盐矿物，由于不同黏土矿物晶体结构及其结构水含量的差异，不仅矿物片层之间的层间孔隙特征不同，而且其颗粒及矿物聚合体之间粒间孔隙的形态和大小也存在差异，从而导致由不同黏土矿物组分构成的泥页岩的孔隙率、表面积和气体吸附性能的不同[30]。黏土矿物间微孔具体特征如图 5-5 所示。

图 5-5 中黑色页岩的孔隙类型为黏土矿物间微孔，其中主要黏土矿物为伊利石，同样存在晶间孔、溶蚀孔等。

F 有机质孔

黑色页岩中有机质孔是页岩气储层的主要孔隙类型，是页岩气的富集关键因素之一。近年来有机质孔隙成因、控制因素及页岩气储层的储渗性能研究取得了较大的进展，研究表明：有机质孔按成因可分为干酪根生烃形成的孔隙与沥青裂解形成的孔隙两种类型。根据有机质孔隙大小，可分为大孔、中孔（介孔）与微孔。页岩气以吸附态赋存在微孔、介

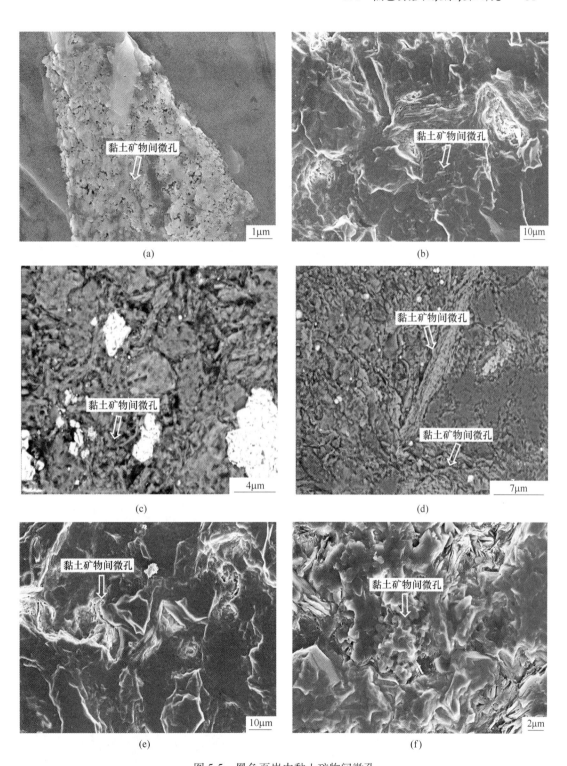

图 5-5 黑色页岩中黏土矿物间微孔

(a) 龙马溪组 YL-582 号样品；(b)(e) 龙马溪组 YL-584 号样品；(c) 龙马溪组 YL-259 号样品；

(d) 龙马溪组 YL-269 号样品；(f) 龙马溪组 YL-588 号样品

孔中，以游离态保存在大孔中。吸附态主要存在于孔径 10nm 的孔隙中，大孔中游离态烃以非达西渗流方式流动。有机质的成熟度处于 0.9%~3.6%、腐泥组与镜质组显微组分、有机碳质量分数 2.0% 是有机质孔隙发育的有利条件；压实程度较高、较大的流体压力、脆性矿物含量高的泥页岩是有机质孔隙保存的有利条件[31]。有机质孔具体特征如图 5-6 所示。

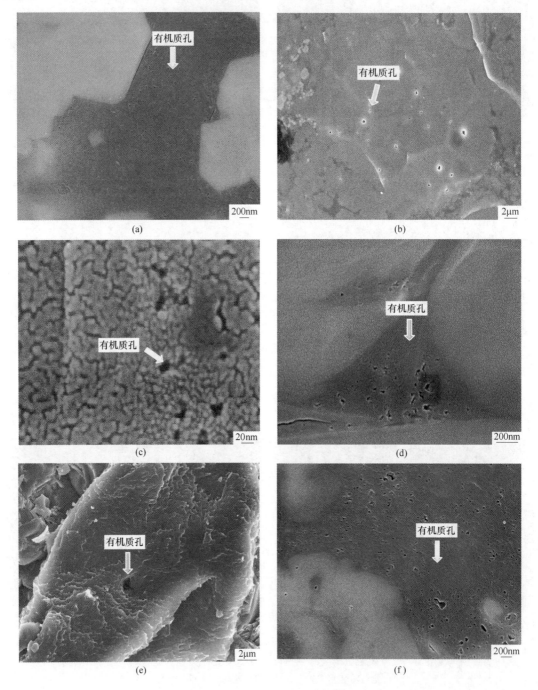

图 (a) (b) (c) (d) (e) (f)

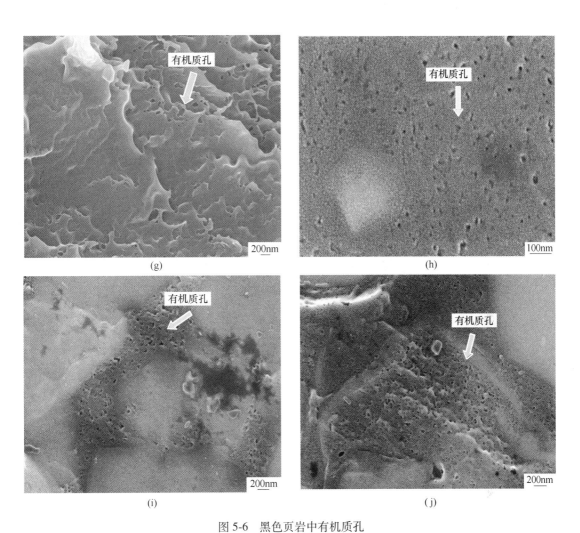

图 5-6　黑色页岩中有机质孔

（a）（h）龙马溪组 YY-581 号样品；（b）龙马溪组 YY-579 号样品；（c）（e）（g）龙马溪组 YY-588 号样品；

（d）龙马溪组 YL-09 号样品；（f）（i）（j）龙马溪组 YY-582 号样品；

图 5-6 中有机质孔最大孔径>200nm，最小孔径<10nm，孔径集中于 10~50nm。

5.3.1.2　裂缝

黑色页岩中裂缝可分为以下几种：构造裂缝、成岩收缩微裂缝、层间页理及裂理缝、围绕矿物颗粒及矿物集合体细微裂缝。

A　构造裂缝

构造裂缝又分为张裂缝、剪裂缝，是指黑色页岩经受一次或多次构造应力（主要为压应力及张应力）破坏形成的裂缝，是裂缝中主要类型，其规模有大有小，甚至见受应力作用影响形成的微裂隙，表现为定向排列等组合特征，如图 5-7 所示。

B　成岩收缩微裂缝

成岩收缩微裂缝是指在成岩过程中因上覆地层压力导致黑色页岩层失水、均匀收缩、干裂开裂等形成的裂缝。此类裂缝可被次生矿物充填。其具体特征如图 5-8 所示。

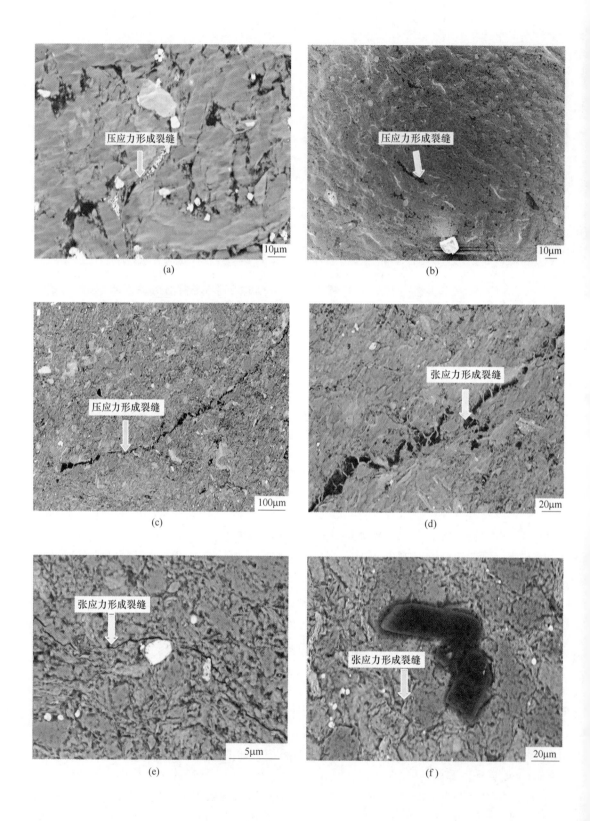

(g)　　　　　　　　　　　　　　　　　(h)

图 5-7　黑色页岩中构造裂缝

（a）龙马溪组 YY-259 号样品；（b）（d）（g）龙马溪组 YY-582 号样品；（c）（e）龙马溪组 YY-267 号样品；

（f）龙马溪组 YY-269 号样品；（h）龙马溪组 YY-584 号样品

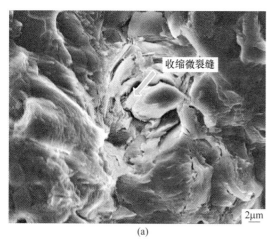
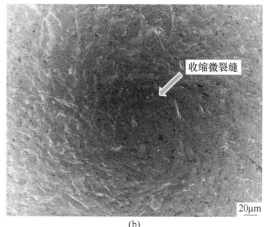

(a)　　　　　　　　　　　　　　　　　(b)

图 5-8　黑色页岩中成岩收缩微裂缝

（a）龙马溪组 YY-584 号样品；（b）龙马溪组 YY-582 号样品

C　层间页理及裂理缝

层间页理及裂理缝主要是指黑色页岩中页理间平行于层理、纹层面间的裂缝，为沉积作用过程中的产物。层间页理缝通常为页岩间力学性质较薄弱的界面，常易于剥离或受力形成组合微裂缝。其具体特征如图 5-9 所示。

D　围绕矿物颗粒及矿物集合体细微裂缝

此类裂缝主要指黑色页岩组成矿物及矿物集合体间因受力作用，矿物集合体相互镶嵌产生的集合体间裂隙、微裂隙，即矿物集合体内部受应力作用或矿物集合体内部解理面间、层间受应力作用而产生的裂隙、微裂隙。其具体特征如图 5-10 所示。

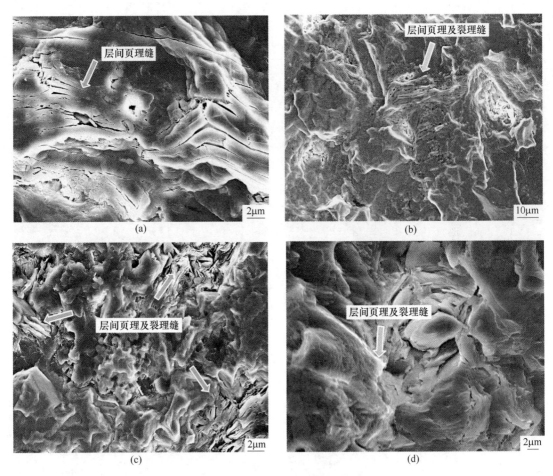

图 5-9 黑色页岩中层间页理及裂理缝

（a）（b）龙马溪组 YL-09 号样品；

（c）龙马溪组 YY-588 号样品；（d）龙马溪组 YY-584 号样品

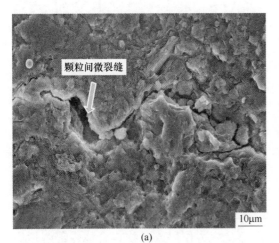

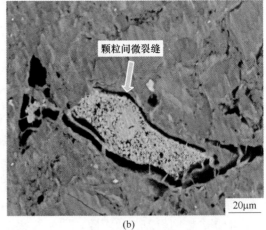

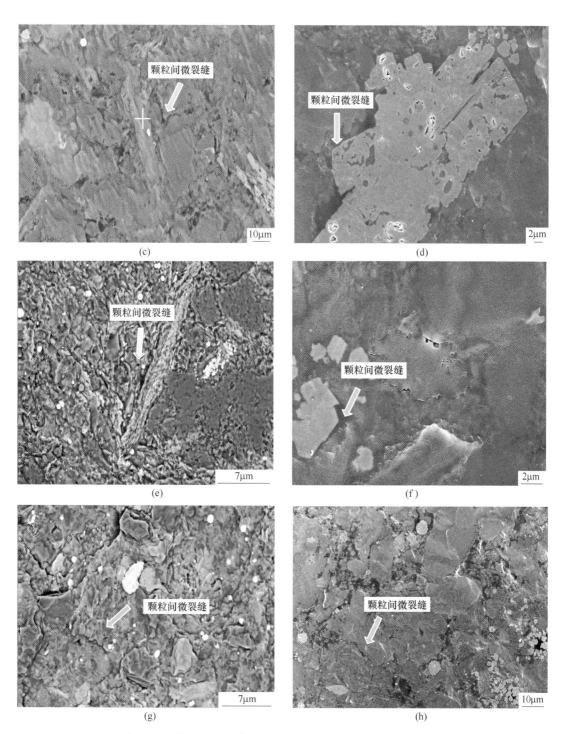

图 5-10 黑色页岩中围绕矿物颗粒及矿物集合体间产生的微裂缝

（a）（c）龙马溪组 YY-267 号样品；（b）（e）龙马溪组 YY-269 号样品；

（d）（h）牛蹄塘组 FG-4 号样品；（f）龙马溪组 YY-580 号样品；（g）龙马溪组 YL-26 号样品

图 5-10 中黑色页岩普遍见产出于矿物颗粒及集合体间的微裂缝，其中部分见有机质充填于研究样品中，该部分微裂隙对页岩气赋存有一定控制作用。

5.3.2 孔隙结构特征

页岩储层孔隙结构对页岩气的储集具有重要的影响。页岩中发育微米、纳米级孔隙，储层孔隙度较低，这种微观孔隙结构会影响页岩气的赋存富集。基于物理吸附性能和毛细管凝聚理论，国际理论与应用化学协会（IUPAC）按孔径大小将多孔物质的孔隙划分为微孔（孔径<2nm）、介孔（孔径 2~50nm）和大孔（孔径>50nm）[32]。本书相关研究通过将高压压汞法、N_2 和 CO_2 气体吸附法相结合，对下寒武统牛蹄塘组及正安下志留统龙马溪组海相页岩样品的孔隙结构特征进行了研究，包括页岩中孔隙和孔隙喉道的形态、大小、孔径分布等特征。

对美国 Fort Worth 盆地 Barnett 页岩进行大量扫描电镜观察和统计认为，页岩有机质孔隙主要分布在 5~750nm，且 5~100nm 的孔隙最为发育[33]。有机质孔隙具有较强的页岩气储集能力，尤其是吸附能力，是页岩气储集的主要空间[34]。

压汞法可以提供页岩总孔隙度、宏孔甚至微裂缝的信息；N_2 和 CO_2 吸附—脱附等温曲线可以提供孔隙几何形态，微孔、介孔的孔容和比表面积以及 BJH 平均孔径等信息[32]。

观察黑色页岩微观结构的扫描电镜发现，龙马溪组页岩结构比较致密，无机矿物粒间孔隙和粒内孔隙较少，仅观察到较大规模的层间微裂隙和一些平行于黏土片层的粒内孔隙；其间见有机质孔隙产出。

5.3.2.1 高压压汞法表征孔隙结构特征

压汞实验在贵州省煤田地质局实验室完成，测试采用 AutoPore 9500 型压汞仪进行样品毛管压力曲线和孔径分布如图 5-11~图 5-14 所示。

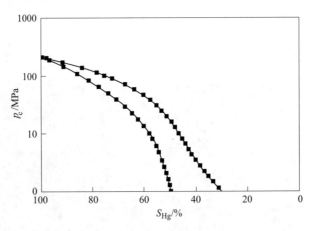

图 5-11 毛管压力曲线图

压汞实验分析数据表明，大方牛蹄塘组黑色页岩平均孔径为 23.5nm，孔隙率为 1.3508%，见表 5-1；而龙马溪组黑色页岩平均孔径为 22.2nm，孔隙率为 1.4402%，见表 5-2。实验数据资料表明，牛蹄塘组黑色页岩和龙马溪组黑色页岩的孔隙直径大致相当，但龙马溪组黑色页岩孔隙率却大于牛蹄塘组黑色页岩。

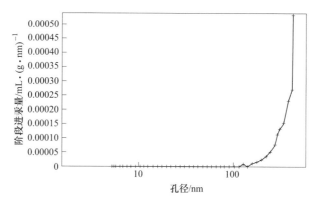

图 5-12 孔径分布图

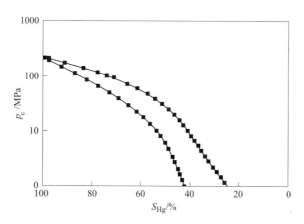

图 5-13 毛管压力曲线图

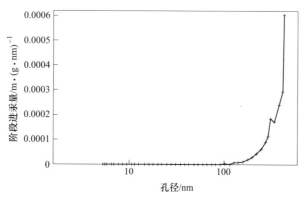

图 5-14 孔径分布图

表 5-1 压汞实验结果表（DF-4）

总进汞量 /mL·g^{-1}	总孔面积 /m^2·g^{-1}	平均孔径 /nm	孔隙率 /%	堆积密度 /g·mL^{-1}	视相对密度 /g·mL^{-1}	p_{c10} /MPa	p_{c30} /MPa
0.0054	0.916	23.5	1.3508	2.5040	2.5383	0.08	1.00

p_{c50}/MPa	R_{c10}/nm	R_{c30}/nm	R_{c50}/nm	H_{c10}/m	H_{c30}/m	H_{c50}/m	
16.79	9128.67	731.52	43.79	3.28	40.98	684.59	

表 5-2　压汞实验结果表（YL-03）

总进汞量 /mL · g⁻¹	总孔面积 /m² · g⁻¹	平均孔径 /nm	孔隙率/%	堆积密度 /g · mL⁻¹	视相对密度 /g · mL⁻¹	p_{c10}/MPa	p_{c30}/MPa
0.0059	1.053	22.2	1.4402	2.4617	2.4977	0.09	2.11

p_{c50}/MPa	R_{c10}/nm	R_{c30}/nm	R_{c50}/nm	H_{c10}/m	H_{c30}/m	H_{c50}/m	
28.00	7832.62	349.09	26.25	3.83	85.87	1141.90	

压汞实验的参数数据如表 5-3 所示。现解释表 5-3 中的各特征值参数：

p_{c10} 为排驱压力，指非润湿相开始进入岩样的最大孔喉压力，MPa。

R_{max} 为最大孔喉半径，nm。排驱压力 p_{c10} 对应的孔喉半径，即为最大孔喉半径。

p_{c50} 为饱和度中值压力，MPa。非润湿相饱和度 50% 相应的毛管压力，其值越小，反映岩石渗滤性越好，产能越高；其值越大，表明岩石致密程度越高（偏向于细歪度）。

R_{c50} 为孔喉半径中值，nm。p_{c50} 对应的孔喉半径为 R_{c50}，可近似代表样品的平均孔喉半径。

从表 5-3 压汞实验参数中，可以得到大方牛蹄塘组黑色页岩的排驱压力值为 0.08MPa，最大孔喉半径值为 9128.67nm；饱和度中值压力 p_{c50} 为 16.79MPa，可代表样品的致密程度；对应的 R_{c50} 值为 43.79nm，近似代表样品的平均孔喉半径。

正安龙马溪组黑色页岩的排驱压力值为 0.09MPa，最大孔喉半径值为 7832.62nm；饱和度中值压力 p_{c50} 为 28.00MPa，可代表样品的致密程度。对应的 R_{c50} 值为 26.25nm，近似代表样品的平均孔喉半径。

对比分析可以得到，页岩气赋存条件较好的龙马溪组黑色页岩组，在压汞实验数据分析中，其排驱压力 p_{c10} 值、中值压力 p_{c50} 值均大于牛蹄塘组黑色页岩，而最大孔喉半径 R_{max} 值、孔喉半径中值 R_{c50} 却小于牛蹄塘组黑色页岩。

表 5-3　黑色页岩研究样品的压汞实验参数

样品号	p_{c10}/MPa	R_{max}/nm	p_{c50}/MPa	R_{c50}/nm	H_{c50}/m
DF-4（大方牛蹄塘组）	0.08	9128.67	16.79	43.79	684.59
YL-03（龙马溪组）	0.09	7832.62	28.00	26.25	1141.90

5.3.2.2　液氮吸附法表征孔隙结构特征

液氮吸附法测定页岩孔径分布和孔隙度的实验在贵州省煤田地质局实验室完成，测试采用低温氮吸附仪，仪器型号 TriStar3020。实验结果如表 5-4 所示。

表 5-4　黑色页岩液氮吸附结果

样品号	脱气温度/℃	BET 比表面积/m² · g⁻¹	平均孔直径/nm	单位质量总孔体积/cm³ · g⁻¹
Tm-59-2（牛蹄塘）	110	21.3879	3.8503	0.009978
Tm-72-1（牛蹄塘）	110	15.176	4.112	0.007759
FG-2-4（牛蹄塘）	110	11.2139	5.4701	0.009803
FG-52（牛蹄塘）	110	10.8847	7.0483	0.014965
DF-4（牛蹄塘）	110	15.4002	4.6516	0.010437
BZ-03（龙马溪）	110	10.5827	5.9835	0.010316
YL-03（五峰）	110	23.5962	5.2931	0.017505

利用液氮吸附测量黑色页岩孔隙平均孔直径特征，龙马溪组平均孔直径为5.9835nm，五峰组平均孔直径为5.2931nm；牛蹄塘组5个样品平均孔直径为3.8503~7.0483nm，均值为5.0265nm。显示黑色页岩平均孔直径：龙马溪组>五峰组>牛蹄塘组。黔北地区黑色页岩平均孔直径较之北美页岩均稍大，北美Barnett页岩和Marcellus页岩平均孔直径分别为4.0nm和3.9nm[35]。

BET比表面积：龙马溪组的BET比表面积为10.5827m²/g，五峰组为23.5962m²/g；牛蹄塘组黑色页岩的BET比表面积为10.8847~21.3879m²/g，均值为17.0895m²/g。显示黑色页岩BET比表面积：五峰组>牛蹄塘组>龙马溪组。

单位质量总孔体积：牛蹄塘组黑色页岩的单位质量总孔体积介于0.0078~0.0150cm²/g，均值为0.0106cm²/g；龙马溪组黑色页岩的单位质量总孔体积为0.0103cm²/g，五峰组为0.0175cm²/g。表明黑色页岩的单位质量总孔体积：五峰组>牛蹄塘组>龙马溪组。黑色页岩单位质量总孔体积大小顺序与BET比表面积一致。

黔北地区黑色页岩的低温液氮吸附-解吸曲线如图5-15所示。由图5-15可见，黔北地

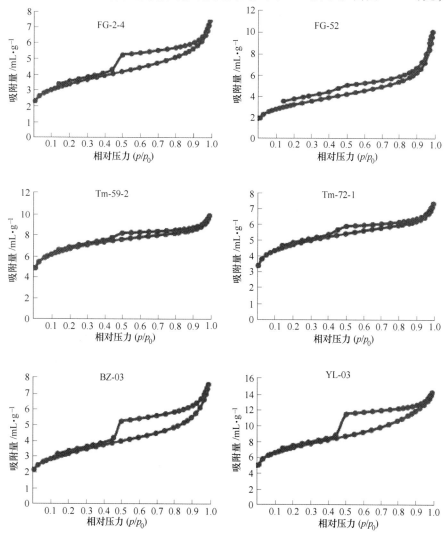

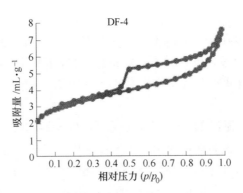

图 5-15 研究区黑色页岩低温液氮吸附-解吸曲线

区牛蹄塘组、五峰组、龙马溪组黑色页岩吸附等温线皆为反"S"型，根据 IUPAC 的分类都属于Ⅳ型等温线。在低压下（$0 < p/p_0 < 0.1$），吸附等温线迅速上升，吸附机理为液氮在页岩孔隙表面的单分子层吸附或微孔填充。相对压力为 $0.1 \leqslant p/p_0 < 0.4$ 时，吸附等温线近似为线性，主要为单分子层吸附向多分子层吸附过渡。相对压力较高时（$0.4 \leqslant p/p_0 < 0.9$）为多分子层吸附，吸附等温线和脱附等温线不重合，脱附等温线位于吸附等温线的上方，形成滞后回线。在高压下（$0.9 \leqslant p/p_0 < 1.0$），吸附等温线急剧上升，当平衡压力为饱和蒸气压时也未达到吸附饱和，在页岩孔隙表面发生毛细凝聚现象。研究发现，材料的孔隙大小与氮气的吸附机理具有对应关系：氮气在微孔材料上的吸附机理主要为单分子层吸附和微孔填充；中孔材料在低压区的吸附机理为单分子层吸附，中等压力处为多分子层吸附，较高压力时发生毛细凝聚现象；大孔材料在低压区和中等压力区的吸附机理与中孔相同，但在相对压力较高时不发生毛细凝聚现象[36]。因此，根据低温液氮吸附-解吸曲线的形状，说明黔北地区黑色页岩中主要发育中孔。

利用 BJH 模型计算得出研究区黑色页岩的孔径分布特征，如图 5-16 所示。由图 5-16 可知，黔北地区牛蹄塘组、五峰组、龙马溪组黑色页岩孔径分布曲线具有单峰特征，峰值孔径在 2nm 左右，说明研究区黑色页岩中孔隙以纳米级孔隙为主，主要为中孔。

扫描电镜观察、高压压汞法及液氮吸附法研究结果表明，黔北地区牛蹄塘组、五峰组、龙马溪组黑色页岩储集空间以微孔、中孔为主，大孔所占比例相对较小。研究区有机质纳米孔发育，大量发育的微孔和中孔是由于有机质生烃演化作用生成的。微孔、中孔对页岩气的吸附和储集贡献巨大，其中小于 10nm 的微孔、中孔为页岩气的吸附和储集提供了绝大多数的比表面积和孔体积[37]。

综上所述，五峰组黑色页岩储层孔隙发育、分布条件及控制因素，均好于龙马溪组、牛蹄塘组黑色页岩，这也是其页岩气赋存条件及气含量相对优于龙马溪组和牛蹄塘组的原因之一。

5.3.3 黑色页岩孔隙分布特征

从牛蹄塘组黑色页岩孔径分布直方图 5-17 可知，黑色页岩孔径分布主要为两段，一段为 2~100nm 的微孔至大孔段，另一段为大于 100nm 段，以 2~100nm 段为主。在微孔至大孔段，又以 0.2~50nm 孔径为主。在孔径分布解析图 5-18 中，可以明显看出孔径分布主要以小于 100nm 段为主，大致计算所占比例在 75.3% 左右。其中 0.2~50nm 孔径范围所占比例为 67.0%。

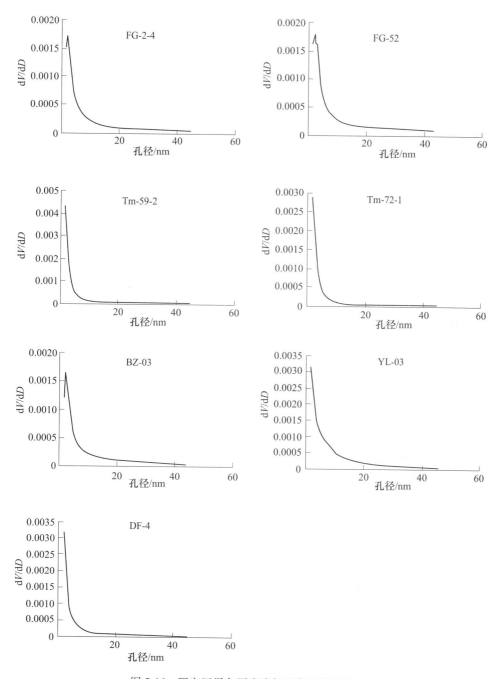

图 5-16 研究区黑色页岩液氮吸附法孔径分布

从龙马溪组黑色页岩孔径分布直方图 5-19 可知，黑色页岩孔径分布主要为三段，一段为 2~100nm 的微孔至大孔段，另一段集中于 1000nm，第三段集中于 10000nm。从孔径分布解析图 5-20 可知，龙马溪组黑色页岩孔隙分布与牛蹄塘组类似，龙马溪组黑色页岩孔隙主要以 0.2~100nm 段为主，大致计算所占比例在 84.6% 左右。在微孔至大孔段，又以 0.2~50nm 孔径为主，所占比例为 71.6%。

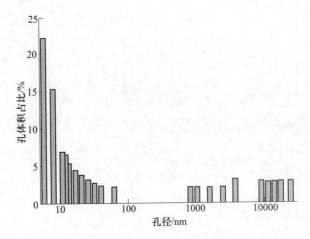

图 5-17 大方牛蹄塘组黑色页岩孔径分布直方图(样品号:DF-4)

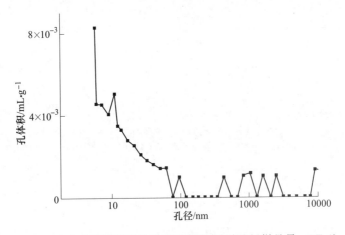

图 5-18 大方牛蹄塘组黑色页岩孔径分布解析图(样品号:DF-4)

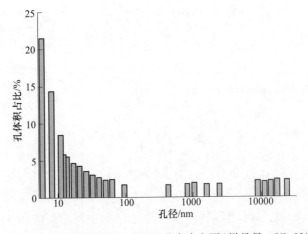

图 5-19 龙马溪组黑色页岩孔径分布直方图(样品号:YL-03)

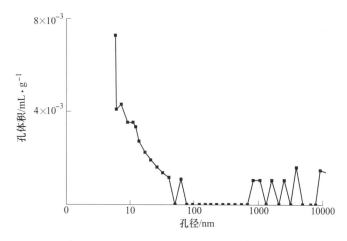

图 5-20 龙马溪组黑色页岩孔径分布解析图(样品号：YL-03)

有关研究资料表明，在微孔（<2nm）和介孔（2~50nm）的孔径范围内，孔隙孔径越小，气体吸附能力越大，其储集气体能力也就越强。国内外学者认为：孔径与比表面积呈负相关关系，孔径小的纳米级孔隙吸附气体能力强，在其纳米级孔隙内部有大量页岩气以结构化方式存在[38]。

龙马溪组黑色页岩的 0.2~50nm 孔隙分布大致占比 71.6%，稍大于牛蹄塘组黑色页岩占比 67.0%的 0.2~50nm 孔隙分布。

5.3.4　页岩气储层微观孔隙结构的控制因素

5.3.4.1　有机碳含量

有机碳（TOC）含量是控制页岩孔隙发育的内在因素之一，高的有机碳含量有利于孔隙的发育[38-39]。文献［40］认为，页岩中的孔隙以有机质生烃形成的孔隙为主，如果页岩有机质质量分数为 7%，则其体积分数为 14%，若这些有机质有 35%发生转化，则会使岩石增加 4.9%的孔隙空间。

黔北凤冈地区牛蹄塘组黑色页岩的 TOC 含量均值为 4.55%，黔东岑巩地区的 TOC 含量均值为 3.45%；大方牛蹄塘组黑色页岩有机碳含量均值为 2.19%。黔北地区龙马溪组黑色页岩的 TOC 含量均值为 1.53%。而大方牛蹄塘组黑色页岩的总孔面积为 0.916m²/g，平均孔径为 23.5nm，孔隙率为 1.3508%；正安龙马溪组黑色页岩的总孔面积为 1.053m²/g，平均孔径为 22.2nm，孔隙率为 1.4402%。数据表明有机碳含量与孔隙总孔面积、孔隙率发育程度具有正相关关系，与一些研究资料结果相符。

5.3.4.2　有机质热演化程度（R_o）

大量研究资料表明，有机质成熟度 R_o 是影响页岩孔隙发育的重要因素。文献［41］指出，随着 R_o 的增加，页岩孔隙度相应降低。程鹏等[42]对富有机质页岩进行了纳米孔隙结构热模拟实验发现，当有机质热演化程度介于 0.7%~3.5% 时，孔隙与有机质热演化程度有着明显的正相关关系。

黔北地区下古生界页岩有机质成熟度普遍较高，R_o>2%，高者达到 3%以上，处于过成熟阶段，随着有机质成熟度 R_o 的增加，黑色页岩中各类孔隙的孔体积（孔容）减小导致孔隙率的降低[43]。

龙马溪组黑色页岩的镜质体反射率 R_o 值为 2.35%~2.63%，均值为 2.49%，孔隙率为 1.4402%。岑巩天马黑色页岩镜质体反射率 R_o 值为 2.61%~2.91%，均值为 2.76%。研究区下寒武统牛蹄塘组黑色页岩 R_o 主体位于 1.1%~2.0%；孔隙度介于 0.62%~3.59%，主体分布在 1%~3%[44]。本书相关研究中，牛蹄塘组黑色页岩经压汞分析测定得到孔隙率为 1.3508%，表明有机质成熟度 R_o 较高时，黑色页岩孔隙率相对较低。

5.3.4.3　黏土矿物类型及含量的影响

大方牛蹄塘组黑色页岩 3 个样品的黏土矿物平均含量为 22.27%，主要黏土矿物为伊利石，脆性矿物石英平均含量为 41.33%，钠长石平均含量为 7.63%。孔隙率为 1.3508%；

而正安龙马溪组 6 个样品的黏土矿物平均含量为 37.02%，主要黏土矿物为伊利石+绿泥石，以伊利石为主，脆性矿物石英含量为 37.02%，钠长石+钾长石平均含量为 9.23%，方解石+白云石+黄铁矿总平均含量为 13.6%。孔隙率为 1.4402%。

经对比分析可以得出：黏土矿物含量越高，则孔隙率越大。长石类矿物含量高，同时含有碳酸盐矿物及黄铁矿矿物，表现为孔隙率较大特征。这与脆性矿物含量高并且种类及含量增高，其中晶间孔隙、晶粒间及集合体间孔隙、围绕矿物晶粒产生的裂隙和微裂隙增多等条件有关。

石英含量高，孔隙率偏低。这与文献［45］所述的微孔孔容与石英含量呈负相关性相类同。

5.4　黑色页岩宏观裂隙特征

经对地表剖面及钻孔样品进行观测认为，黑色页岩发育的宏观孔隙主要受节理裂隙、层间页理裂隙等控制（图 5-21），其间充填方解石形成方解石脉，充填黄铁矿、有机质等形成相关细脉体，对形成渗流通道起着较好的控制作用。

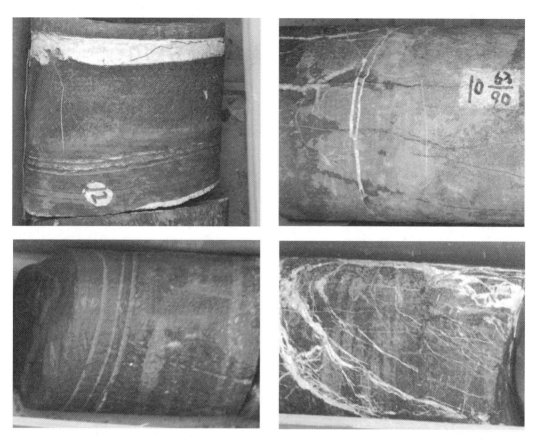

图 5-21 研究区黑色页岩宏观裂隙

6 黑色页岩有机质含量与相关矿物组成、富集特征

6.1 有机质与矿物富集关系

研究区黑色页岩有机质含量与相关矿物富集有一定关联，表现出有机质含量高，与之相关联矿物具有一定的富集特征，并以"有机质-矿物、胶体"集合体形式存在于黑色页岩中。

前人研究资料表明，有机质含量变化与矿物富集有一定联系。Alcacio 等发现天然有机质-矿物广泛存在于土壤和沉积物中，而且 Cu^{2+} 与天然有机质-矿物形成的三相复合体（集合体）影响着 Cu^{2+} 的固持[46]。矿物表面吸附有机质，其吸附态有机质的形态可以总结为以下两种：（1）吸附在矿物表面的第一层有机质分子以规则的构型存在，与矿物表面的作用最紧密；（2）吸附在矿物表面第二层及以上有机质分子，主要受其相邻两层有机质分子的影响，形态上与未吸附态的有机质类似，但密度一般较吸附态有机质大。天然有机质中的羧基、醇基及酚基等酸性官能团能够与矿物表面羟基配合，形成配合物，被广泛认为是天然有机质和矿物间主要的作用机理[46]。利用成像技术例如扫描电子显微镜（SEM）等，均可有效地获取"有机质-矿物"集合体的物理结构及有机质在矿物表面的排列图像[47]。

图 6-1、表 6-1 为扫描电镜下 Mo、Pb 元素的聚集状态及能谱成分，图 6-1（a）为氧化钼矿。氧化钼（MoO_2）相对分子量为 127.94，Mo 含量为 74.99%。纯 MoO_2 呈暗灰色、深褐色粉末状。25℃时，MoO_2 的生成热为 550kJ/mol，密度为 6.34~6.47g/cm³。MoO_2 呈金红石单斜结晶构造，单位晶体（晶胞）由两个 MoO_2 分子组成，晶格参数为 $a=0.5608$nm，$b=0.4842$nm，$c=0.5517$nm，$d=11.975$nm。MoO_2 是钼氧化的最终产物。

图 6-1（b）为钼铅矿，图中还表明钼铅矿呈细条带状产出。能谱成分分析结果表明，氧化钼、钼铅矿中 C 含量为 9.25%~10.26%，表明有机碳可能被吸附于氧化钼、钼铅矿表面，还见碳质明显呈脉状产出于脉状氧化钼、钼铅矿矿物中，且见部分有机物充填于裂隙中部及边缘。

图 6-2、图 6-3 及表 6-2 中，除测点 2 外，测点 1~测点 5 的电子探针分析结果证明其矿物为钼铅矿矿物；钼铅矿成分测试结果表明烧失量较大，预示有机质的存在。测点 2 呈现的矿物成分为伊利石。

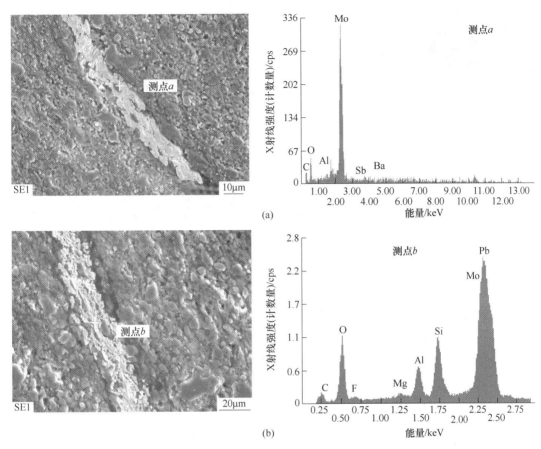

图 6-1 毕节织金 Mo、Pb 元素聚集扫描电镜图像

（a）YH-1 样品中 Mo 元素聚集条带；（b）DZH-1 样品中 Mo、Pb 元素聚集条带

表 6-1 织金黑色页岩测点 *a*、测点 *b* 能谱成分

测点		测点 *a*	测点 *b*
元素含量 （质量分数）/%	C	10.26	9.25
	O	24.03	23.47
	Al	1.10	3.33
	Mo	61.26	24.95
	Sb	1.29	1.29
	Ba	2.05	2.05
	F	—	1.50
	Si	—	6.40
	Pb	—	29.17
	K	—	1.48
总　计		99.96	99.55

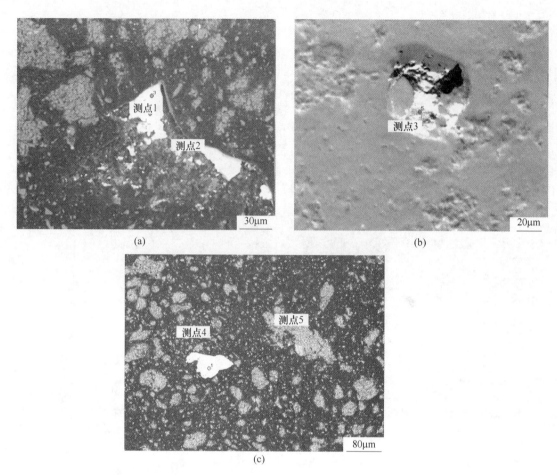

图 6-2 织金大寨黑色页岩电子探针测试点位

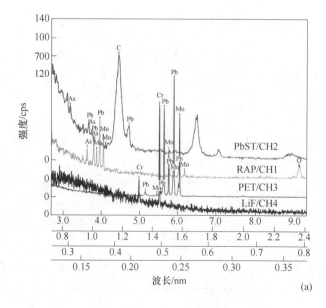

序号	元素	谱线	峰宽/nm	质量分数/%
1	Cr	Kα	0.22891	3.93
2	As	Lα	0.96817	0.36
3	Mo	Lα	0.54061	27.61
4	Pb	Mα	0.52842	68.11

(a)

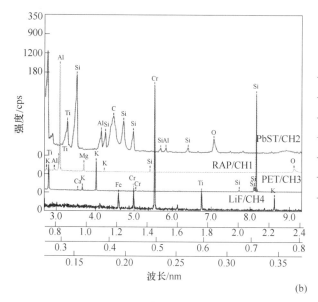

序号	元素	谱线	峰宽/nm	质量分数/%
1	Mg	K	0.98934	1.12
2	Al	K	0.83350	11.94
3	Si	K	0.71236	62.88
4	K	K	0.37406	5.80
5	Cr	K	0.22891	8.26

(b)

图 6-3 织金大寨黑色页岩电子探针图像、谱线图及成分

（a）测点 1；（b）测点 2

表 6-2 织金大寨黑色页岩电子探针测试数据

元素含量/%	As La	Fe Ka	Mo La	Cu Ka	S Ka	Pb Ma	Bi Ma	总计
DZY-1#3 点	0	0.047	18.566	0	0.226	41.039	0.358	60.271
DZY-1#4 点	0.018	0.048	21.195	0.022	0.214	45.21	0.295	67.003
DZY-1#5 点	0.149	0.049	21.605	0.038	0.201	48.76	0.41	71.266

注：样品测试在成都理工大学电子探针测试实验室进行。

6.2 "有机质-矿物"集合体富集相关元素特征

研究表明，黑色页岩中见有机质、含有机质矿物及胶体矿物以"有机质-矿物"集合体形式产出；遵义黑色页岩中见"有机质-胶镍钼矿"集合体产出，能谱成分测试有机碳含量为 36.80%，Mo 含量为 27.58%，Ni 含量为 2.19%，见表 6-3。物相分析结果表明胶镍钼矿与有机质混合存在，故可表述为"有机质-胶镍钼矿"集合体，见图 6-4（a）；凤冈黑色页岩中见"有机质-Pt"集合体产出，Pt 含量为 4.90%，见图 6-4（b）；天马黑色页岩中主要见"有机质-胶状氧化钼矿"及"有机质-胶状含硅氧化钼矿"集合体产出，见图 6-4（c）（d）；天星黑色页岩则产出"有机质-胶状氧化钼矿"及"有机质-碳硅钼矿"集合体，见图 6-4（e）（f）。

表 6-3 黑色页岩"有机质-胶镍钼矿"集合体能谱成分

测点		测点 1（遵义）	测点 2（凤冈）	测点 3（天马）	测点 4（天马）	测点 5（天星）	测点 6（天星）
元素含量/%	C	36.80	63.71	71.28	69.24	50.99	86.57
	O	—	16.17	22.20	11.46	22.00	—
	Si	—	10.59	3.37	10.58	20.62	6.19
	Na	—	2.09	—	—	1.14	
	Al	—	3.38	0.98	—	2.66	0.48
	S	27.57		0.43	1.15	—	
	Pt	—	4.90	—	—	—	—
	Cr	—	—	—	3.10	—	
	Fe	5.86	—	—	—	—	
	Ni	2.19					
	Mo	27.58	—	1.37	4.45	2.59	6.76
总 计		100.00	100.84	99.63	99.98	100.00	100.00

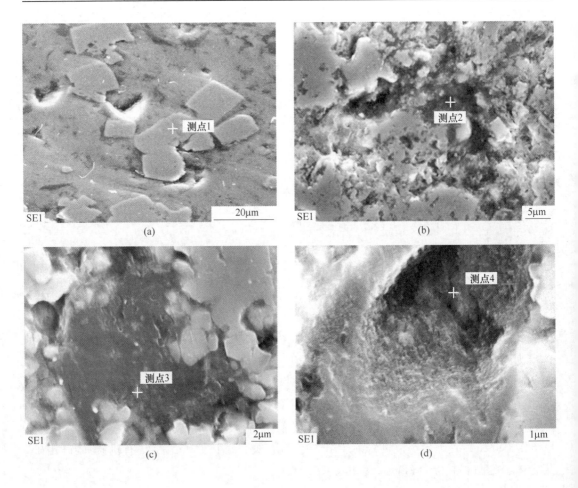

(a)   (b)

(c)   (d)

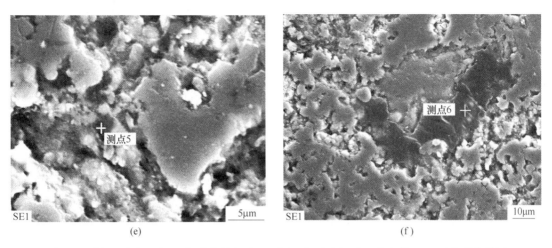

图 6-4 黑色页岩中"有机质-胶状镍钼矿""有机质-碳硫钼矿"集合体 SEM 及能谱曲线图

6.3 "有机质-矿物"集合体与页岩气赋存关系

研究区黑色页岩中,"有机质-矿物"集合体普遍发育孔隙,主要介于大孔和介孔之间。"有机质-矿物"集合体与页岩气赋存关系主要表现为以下方面:

(1)"有机质-矿物"集合体尤其矿物表面存在吸附性,体现存在物理吸附或化学吸附行为。

(2)有机质本身具有不同孔径的孔隙,利于页岩气保存。

(3)"有机质-胶状矿物"集合体本身对页岩气具有一定的吸附能力,有利于页岩气保存。

7 页岩气储层中有机质、黏土矿物及其演化特征

本章首先通过分析黏土矿物及有机质的物理化学特征，结合扫描电镜配合能谱分析结果，确定有机质在储层中的赋存形式。系统梳理黏土矿物成岩演化特征、有机质热演化特征及黏土矿物对有机质生烃催化机理，得到它们之间的相互联系，为进一步分析黏土矿物对页岩气成藏影响和识别有利层位奠定基础。

7.1 黔北页岩储层中有机质及黏土矿物特征

有机质和黏土矿物性质决定了它们在页岩中的赋存形式，进而影响页岩气的生成和聚集。研究有机质和黏土矿物对页岩气成藏的影响，首先需要清楚地把握它们的特征。

7.1.1 黏土矿物特征

黏土矿物是细粒含水的硅酸盐矿物，包括层状、层链状及非晶质黏土矿物。含油气盆地中的黏土矿物一般均以晶质层状构造硅酸盐矿物为主，常见有伊利石、高岭石、坡缕石、蒙皂石、绿泥石及伊利石/蒙皂石间层矿物等。根据 XRD 黏土矿物测试结果，研究区黑色页岩中黏土矿物为伊利石、绿泥石和伊蒙混层矿物。因而，本节就相关的蒙皂石、伊利石和绿泥石进行分析。

7.1.1.1 黏土矿物晶体结构特征

层状黏土矿物的基本结构单元为硅氧四面体与四面体片及八面体与八面体片，根据四面体片与八面体片的配合比例，可将常见黏土矿物的基本结构层分为 1∶1 层型和 2∶1 层型两类。

蒙皂石属 2∶1 层型含水铝硅酸盐矿物，其层电荷较低，为 0.2~0.6。蒙皂石层间含有层间水，具有可交换性的钙、镁、钠等阳离子，它们易为有机阳离子所取代，显示出独特的膨胀性。蒙皂石各层之间以分子间力连接，连接力弱，水分子易进入层间，引起晶格膨胀。蒙皂石内表面和外表面均可进行水化及阳离子交换；蒙皂石的比表面积远大于其他黏土矿物，以内表面积为主，有利于同有机质相结合。蒙皂石晶体结构如图 7-1 所示。

伊利石同属 2∶1 层型黏土矿物，常含有少量的（<10%）蒙皂石膨胀层[49]。伊利石层间电荷为 0.7~0.9，层间阳离子以 K^+ 为主，K^+ 与晶层的负电荷之间的静电引力强于氢键，使得水不易进入层间，晶格不易膨胀。此外，K^+ 连接通常很牢固，是不能交换的。然而，在伊利石的每个黏土颗粒的外表面能发生离子交换。由于伊利石的水化作用仅限于外表面，水化膨胀时，其体积增加的程度比蒙皂石小得多。伊利石不同于蒙皂石，比表面积以外表面积为主。伊利石晶体结构如图 7-2 所示。

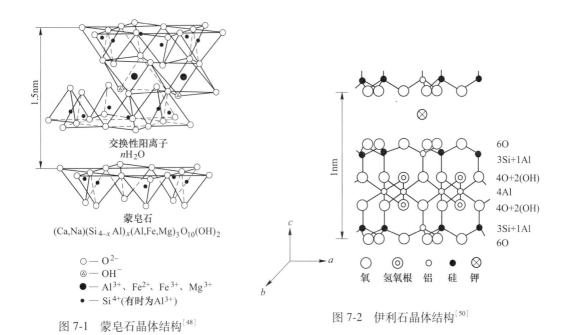

1.5nm
交换性阳离子
nH_2O
蒙皂石
$(Ca,Na)(Si_{4-x}Al)_x(Al,Fe,Mg)_3O_{10}(OH)_2$
— O^{2-}
— OH^-
— Al^{3+}、Fe^{2+}、Fe^{3+}、Mg^{3+}
— Si^{4+}(有时为Al^{3+})

图 7-1 蒙皂石晶体结构[48]

c
a
b
1nm
6O
3Si+1Al
4O+2(OH)
4Al
4O+2(OH)
3Si+1Al
6O
氧
氢氧根
铝
硅
钾

图 7-2 伊利石晶体结构[50]

绿泥石亦为 2∶1 层型黏土矿物，其层电荷不定，层间为带正电荷的氢氧化物八面体片，构成高温下稳定的基本结构单元。由于在层间羟基和上下 2∶1 层的基面氧之间形成了较强的氢键，因而层间八面体片具有高的热稳定性[51]。通常绿泥石无层间水，而降解的绿泥石中一部分水镁石晶片被除去了，因而，有一定程度的层间水和晶格膨胀。绿泥石的比表面积也以外表面积为主，比伊利石要小。绿泥石晶体结构如图 7-3 所示。

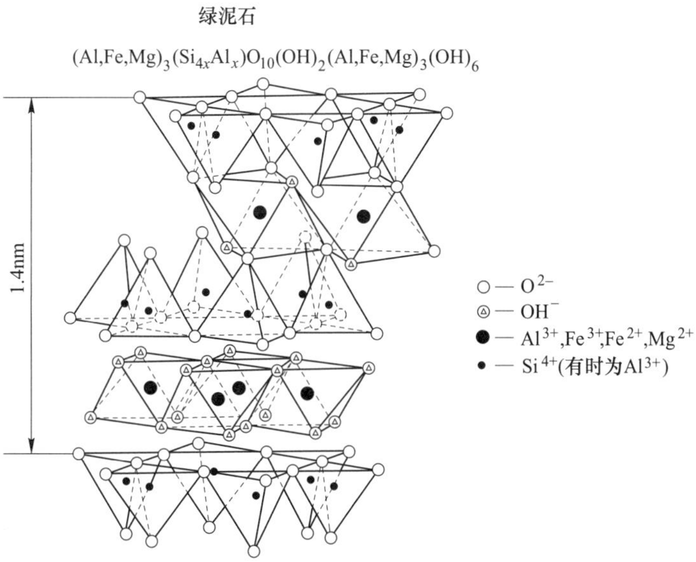

绿泥石
$(Al,Fe,Mg)_3(Si_{4x}Al_x)O_{10}(OH)_2(Al,Fe,Mg)_3(OH)_6$
1.4nm
— O^{2-}
— OH^-
— Al^{3+},Fe^{3+},Fe^{2+},Mg^{2+}
— Si^{4+}(有时为Al^{3+})

图 7-3 绿泥石晶体结构[48]

三种黏土矿物的晶体构造特点如表 7-1 所示。

表 7-1 三种黏土矿物的晶体构造特点

矿物名称	层型	层间距/nm	层间引力
蒙皂石	2∶1	0.96~2.14	分子间力，引力弱
伊利石	2∶1	1.00	引力较强
绿泥石	2∶1	1.42	氢键力，引力强

黏土矿物的化学吸附活性主要是由构造层的离子替代或水解作用而导致剩余净电荷，进而在一定条件下通过化学活性的有机质进行吸附[52-54]，对有机质-黏土矿物复合体形成起着重要控制作用。

7.1.1.2 黏土矿物的性质

黏土矿物的性质一般指黏土矿物的吸附性、离子交换性、膨胀性、分散性、凝聚性及黏性等。从本质上来讲，黏土矿物的这些特性是由其不饱和电荷、大的比表面积和存在于黏土矿物中的水所决定的。

A 黏土矿物的电荷

黏土矿物的构造层通常都带有电荷。黏土矿物的电荷是使黏土矿物具有一系列电化学性质的根本原因[55-56]，直接影响黏土矿物的性质。黏土矿物的电荷分为构造电荷（永久电荷）和表面电荷（可变电荷）两类。

构造电荷一般源于黏土矿物晶格中的离子替代，可以产生过剩负电荷。由于不同黏土矿物晶格中的离子替代情况不同，因而不同的黏土矿物构造电荷多少也不同。黏土矿物的构造负电荷大部分分布在黏土矿物晶层的层面上。蒙皂石构造负电荷主要源于八面体中 Mg^{2+}、Fe^{2+} 等对 Al^{3+} 的替代；伊利石构造负电荷主要源于硅氧四面体中的 Si^{4+} 被 Al^{3+} 替代；绿泥石构造负电荷主要源于四面体中的 Al^{3+}、Fe^{3+} 对 Si^{4+} 的替代，八面体中 Mg^{2+}、Fe^{2+} 等对 Al^{3+} 的替代[57-58]。

表面电荷一般源于发生在黏土矿物表面的化学变化，也可由表面离子的吸附而生成[59]。在类似于蒙皂石等 2∶1 层型黏土矿物中，表面电荷小于总电荷的 1%[60]。

黏土矿物的总净电荷为其正负电荷的代数和，一般而言，黏土矿物带负电荷。

黏土矿物阳离子交换能力（CEC）指 pH 值等于 7 的条件下，黏土矿物所能交换下来的阳离子总量。由于蒙皂石、伊利石和绿泥石不存在或仅存在极少量的正电荷，因而可将黏土矿物的阳离子交换表示的负电荷视作其净电荷量，见表 7-2、表 7-3。

表 7-2 三种黏土矿物的阳离子交换容量[61]

黏土矿物	蒙皂石	伊利石	绿泥石
CEC/mmol·(100g)$^{-1}$	80~150	10~40	10~40

表 7-3 中国含油气盆地黏土矿物的阳离子交换容量[60]

黏土矿物	蒙皂石	伊利石	绿泥石	伊蒙混层
CEC/mmol·(100g)$^{-1}$	80~90	16~21	19.41	22~50

黏土矿物表面可以吸附无机阳离子和极性水分子来保持其晶体内部和侧面断键引起的

电荷的平衡；同样，这些阳离子交换点也可以吸附有机质达到晶体内部电荷的平衡，黏土矿物与被吸附的有机质结合形成有机黏土复合体。

B 黏土矿物的比表面积

黏土矿物具有大比表面积是其重要特性之一。表7-4为三种黏土矿物的内表面积、外表面积及总表面积，表7-5为中国含油气盆地几种黏土矿物的总表面积平均值。两表的数值虽存在一定差异，但比表面积大小规律是一致的，即蒙皂石>伊蒙混层>伊利石>绿泥石。

表 7-4 三种黏土矿物的比表面积[62] （m²/g）

黏土矿物	内表面积	外表面积	总表面积
蒙皂石	750	50	800
伊利石	0	30	30
绿泥石	0	15	15

表 7-5 中国含油气盆地黏土矿物的总表面积平均值 （m²/g）

黏土矿物	蒙皂石	伊蒙混层	伊利石	绿泥石
比表面积	470	219.7	78.66	65.18

C 黏土矿物中的水

黏土矿物的亲水性是黏土矿物的重要属性之一，黏土矿物的许多物理、化学性质都与黏土矿物和水的相互作用有关。

黏土矿物中的水按其存在状态主要分为吸附水、层间水和结构水三种类型。

(1) 吸附水。由于分子间引力和静电引力，具有极性的水分子可以吸附到带电的黏土矿物表面上，在黏土矿物周围形成一层水化膜，这部分水随黏土矿物颗粒一起运动，也称为束缚水。吸附水以中性水分子 H_2O 的形式存在于黏土矿物中，常压下当温度升高至110℃时，吸附水基本上全部逃逸。吸附水的排出，对黏土矿物结构没有影响。

(2) 层间水。层间水是包含在黏土矿物晶体层间域内的水。层间水也是中性水分子 H_2O，它参与组成矿物的晶格，含量可以在相当大的范围内变动。层间水含量与吸附的阳离子种类有关，如钠基蒙脱石常形成一个水分子层，钙基蒙脱石常形成两个水分子层。常压下当温度达到110℃时，层间水大量逸散。层间水的脱失并不会导致结构单元层的破坏，但会使结构单元层之间的间距缩小。

(3) 结构水。结构水又称化合水，是以 OH^- 形式存在于构造内部的氢氧根，是黏土矿物晶体构造的组成部分。结构水并不是真正的水分子，而是以 OH^- 或 H_3O^+ 的形式参与组成晶体结构。结构水只有在高温下 （>500℃），晶格破坏时才能释放出来。

根据 XRD 黏土矿物分析结果，黔北地区牛蹄塘组黑色页岩中黏土矿物为单一伊利石，龙马溪组-五峰组黑色页岩中黏土矿物含伊利石、绿泥石和伊蒙混层。蒙皂石和伊蒙混层以内表面积为主，具有很大的层间表面积，含有层间水、吸附水和结构水；伊利石和绿泥石以外表面积为主，二者比表面积较为接近，较蒙皂石小得多，含有吸附水和结构水。在成岩过程中，蒙皂石向伊利石、绿泥石演化，性质将发生显著改变，对页岩气成藏产生重要影响。

7.1.2　有机质物理化学特征

有机质是直接或间接来源于生物有机体，以单独或聚合物的形式存在的有机分子组成的物质。有机质主要具有以下物理化学特征：

（1）胶体性质。地壳中的有机碳主要以细分散状存在于沉积物和沉积岩中，其粒度与黏土矿物一样都处于 $1 \sim 100nm$ 的胶体粒级范围内。这些有机质都具有很大的比表面积，当分散到水中时，具有胶体溶液的典型特征，具有吸附和被吸附能力[63]，这就使得其可与黏土矿物相互吸附、相互结合，形成有机黏土复合体。

（2）电离性。有机质分子中的氨基酸、蛋白质和核酸等都具有明显的两性电离特征，使得有机质具有极性，可以与黏土矿物相互键合，进而形成有机黏土复合体[66]。

（3）溶解性。有机分子的溶解性取决于它们的化学组成。具有明显两性电离特征的氨基酸、蛋白质和核酸等大多能溶于水，蛋白质分子能和水作用形成水合分子而表现为亲水胶体[64]。糖类中的单糖和低糖能溶于水，而多糖大都不溶于水。

有机质具有的胶体性、电离性和溶解性说明其活性很强，使得不同有机质组分之间、有机质同无机矿物、黏土矿物之间能很好相互结合，形成有机质集合体、有机质-无机矿物复合体、有机质-黏土矿物复合体。

7.1.3　有机质赋存状态

烃源岩中有机质根据赋存状态可分为游离的干酪根和与矿物复合的有机质[65]，有机质与黏土矿物、碳酸盐矿物、黄铁矿等结合形成有机质-矿物复合体。在黔北地区页岩储层中，有机质-矿物复合体主要存在以下类型：（1）赋存于黏土矿物中。由于蒙皂石存在很大的内表面积，易于有机质被吸附进入层间。黏土矿物重要特性之一为具有吸附性，能吸附固体、液体、气体及溶于液体中的物质，其吸附性根据引起吸附的原因不同分为物理吸附、化学吸附和离子交换性吸附。黏土矿物由于具有很强的吸附性，使得大量有机质被吸附于黏土矿物表面。黏土矿物在成岩演化过程中产生孔隙、裂隙，有机质充填于黏土矿物孔隙、裂隙中。（2）赋存于矿物集合体中。在黄铁矿、碳酸盐矿物、石英等矿物颗粒间以及内部孔隙、裂隙中，有机质充填构成有机质-矿物复合体。（3）赋存于矿物集合体边缘。有机质具有胶体性质，可在矿物集合体边缘起到类似胶结物的作用，从而形成有机质-矿物复合体。（4）聚合有机质。有机质与矿物聚合沉淀形成聚合有机质，聚合有机质是溶解有机质、胶体有机质、生物碎屑有机质、无机质和黏土矿物间的聚合体[66]。

黏土矿物相对其他矿物而言，具有更快的吸附速率、更大的吸附容量和更强的吸附稳定性，使得在黑色页岩中有机质-矿物复合体主要为有机质与黏土矿物结合形成的有机黏土复合体[67]。在烃源岩中，有机黏土复合体有两种类型：一种以黏土矿物为主体，有机质分散于黏土矿物之中，如黏土矿物层间有机质；另一种则以有机质为主体，黏土矿物散布于有机质集合体之中，如有机质富集层，集合体中通常还有含铁矿物。

7.1.4　有机黏土复合体

由于黏土矿物和有机质都带有电荷，含有矿物层间水和结构水，具有胶体等化学性质，在水体、泥质沉积物及泥岩中，黏土矿物与有机质是紧密共生的。自然界中绝大部有机质与黏土矿物结合，以有机黏土复合体的形式存在[68-71]。有机黏土复合体研究的是黏土矿物与有机质的相互作用。有机黏土复合体是指有机质与黏土矿物通过化学键合或相互吸附而形成的复合体，它包括黏土矿物表面吸附和层间键入有机质而形成的复合体[72]。需要注意的是，有机黏土复合体并不是黏土矿物与有机质的机械混合物，并不完全具有黏土矿物或有机质的性质。有机黏土复合体中的黏土矿物的交换能力、有机质抗微生物破坏的能力以及热稳定性都有极大的提高[73]。

在自然界中，有机质同黏土矿物之间的相互作用相当普遍，作用机理较为复杂，主要取决于黏土矿物特征、有机质性质及反应体系中水的含量等。黏土矿物的晶体结构特点决定其具有丰富的不平衡电荷、大比表面积及有水存在于黏土矿物中，有机质因具有胶体性、电离性及溶解性等特征而具有很强的化学活性，这就使得黏土矿物易与有机质结合形成有机黏土复合体。此外，黏土矿物可与有机质产生吸附离子交换反应，对有机质的合成及分解反应起催化作用；同时，有机质也影响黏土矿物的分解和合成，对黏土矿物的絮凝和分解有较大影响[74]。黏土矿物与有机质之间是一种相互作用的关系。

有机黏土复合体的键合方式为有机质通过各种形式的离子键、分子键（范德华力）同黏土矿物相结合。离子键包括阳离子键合（离子交换、黏粒表面有机分子的质子化作用和半盐的形成）和阴离子键合，以及离子偶极和配位使黏土矿物与有机分子结合；范德华力是一种分子间的作用力，是由邻近原子中振动偶极间的吸引力产生的，包括氢键、共价键和 π 键等形式[75]。

对黏土矿物及有机黏土复合体的分析在油气勘探工作中占有重要地位。由于埋藏成岩作用的影响，泥质沉积物在成岩埋藏过程中，其黏土矿物组成要发生成岩变化，泥质沉积物中的蒙皂石和高岭石都要向伊利石和绿泥石转化，因此不同地质时代的泥质岩由于原始沉积物黏土矿物组成的不同和成岩演化程度的不同，它们的黏土矿物组成也会不同。

烃源岩的生烃潜力与黏土矿物有着密切的关系，丰富的有机质是生成大量油气的基础。丰富的有机质并非是在特殊岩相中固有的，而是更倾向于与细粒沉积物伴生出现[76-79]。土壤和沉积物中有机质的含量随着土壤和沉积物颗粒粒度的变细，以及比表面积的增大而增加，显示了有机质与黏土矿物的紧密共生关系。有机质与黏土矿物相结合增强了有机质抗生物降解的能力，并且具有较大的稳定性。另外随着沉积物的压实、脱水，黏土矿物对有机质聚合和生烃反应的催化性能加强，前者促使沉积物中的胡敏酸、胡敏素等腐殖物质向干酪根转换，后者可促使脂肪酸向烃类转换[75]。

前人研究还表明，烃源岩的有机黏土化学反应结果还直接影响着相邻储层的成岩作用特征，使储层产生次生孔隙，形成新的自身矿物沉淀和矿物转化，大大促进储层的成岩反应。促使油气形成的有机黏土化学反应不仅发生在烃源岩内部，同样也发生在与烃源岩相邻的储层内部。

采用扫描电镜配合能谱分析研究黔北地区黑色页岩有机质赋存状态过程中，发现有机黏土复合体普遍存在于黑色页岩中，见图 7-4 和图 7-5，对页岩气赋存起着一定的控制作用。由五峰组-龙马溪组能谱分析结果（表 7-6）可知，图 7-4（a）中含有机质、黄铁矿和伊利石；图 7-4（b）中含有机质、伊利石和绿泥石；图 7-4（c）中绝大部分为有机质，含有少量 SiO_2；图 7-4（d）中含有机质、伊利石和绿泥石。图 7-5 表明，研究区牛蹄塘组黑色页岩中普遍见有机黏土复合体存在，除 A 样品中存在硫化物（硫铁矿）外，其余样

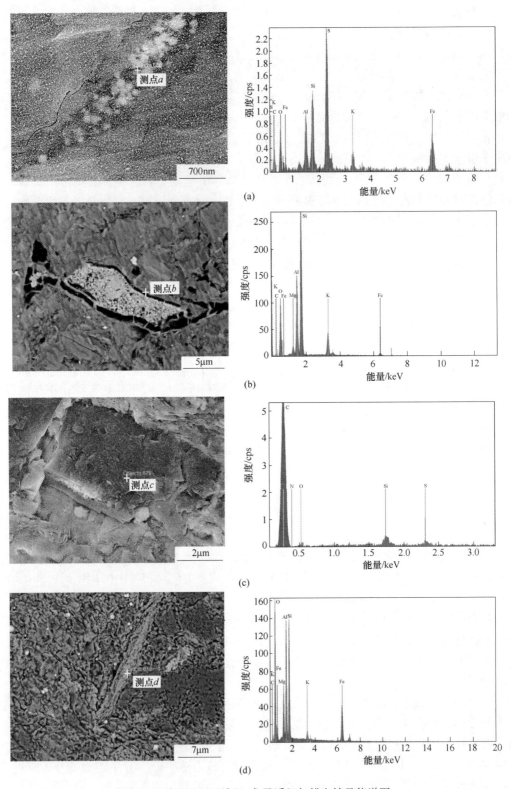

图 7-4 黔北地区五峰组-龙马溪组扫描电镜及能谱图

品经能谱成分分析，结果表明矿物化学组分主要为黏土矿物伊利石（表7-7），并含有一定量 SiO_2。结合黑色页岩 XRD 分析，五峰组-龙马溪组主要黏土矿物为伊利石和绿泥石，牛蹄塘组黏土矿物为伊利石，可见研究区黑色页岩中有机质主要以有机黏土复合体的形式存在。

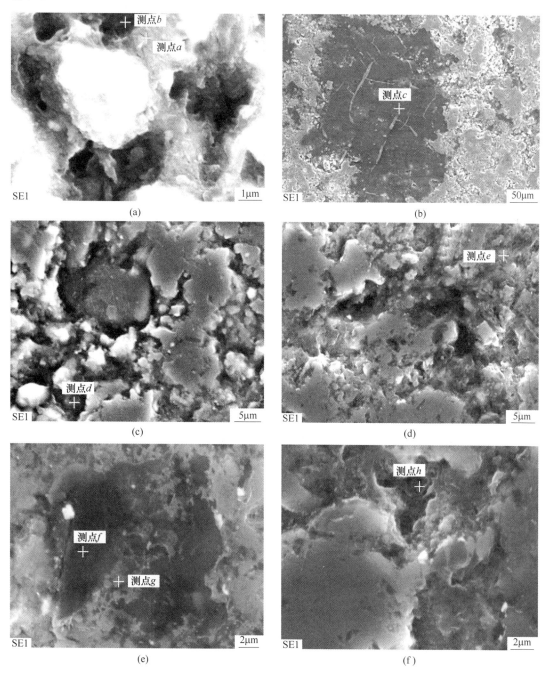

图 7-5　黔北地区牛蹄塘组黑色页岩扫描电镜

表 7-6 黔北地区五峰组-龙马溪组测点能谱分析结果

元素含量/%	a 点	b 点	c 点	d 点
C	28.06	9.43	71.86	7.35
O	21.76	43.14	6.98	44.88
Al	4.71	13.18	—	12.1
Si	6.8	25.12	1.29	10.54
S	18.08	—	0.96	—
K	2.7	5.93	—	1.22
Fe	17.88	1.90	—	17.95
Na	—	—	—	—
Mg	—	1.3	—	5.95
N	—	—	18.91	—
总计	99.99	100.00	100.00	99.99

表 7-7 黔北地区牛蹄塘组黑色页岩能谱分析结果

元素含量/%	a 点	b 点	c 点	d 点	e 点	f 点	g 点	h 点
C	38.6	42.73	20.8	28.71	40.78	52.28	54.4	70.05
O	30.13	21.93	36.44	33.49	22.59	14.1	14.57	11.46
Al	2.23	3.3	14.8	4.43	6.93	4.84	2.09	1.86
Si	19.89	26.76	21.18	30.15	25.74	24.59	27.38	15.7
S	5.29	3.63	—	—	—	—	—	—
K	0.71	1.64	4.99	3.22	2.3	3.5	1.57	0.92
Fe	3.15	—	—	—	—	—	—	—
Na	—	—	—	—	0.96	—	—	—
总计	100	99.99	98.21	100	99.3	99.31	100.01	99.99

7.2 有机质和黏土矿物的演化特征

沉积物在成岩埋藏过程中，黏土矿物要发生成岩演化，有机质进行生烃热演化。黏土矿物成岩演化和有机质热演化是同时进行的，二者之间存在相互影响和联系。通过分析黏土矿物成岩演化过程和有机质热演化过程，以确定它们之间的关系，进而进行生烃能力及生烃窗口判别。

7.2.1 黏土矿物的成岩演化

沉积学将沉积物在有效埋藏之后至变质作用之前发生的所有变化和作用称为成岩作用。页岩主要成岩作用方式为压实和脱水。对黏土矿物而言，其成岩作用主要是黏土矿物的成岩演化。

页岩中黏土矿物成岩演化是油气生成和运移研究的重要内容。泥岩成岩作用过程中的主要物理变化就是压实，压实过程中，泥质沉积物要排出大量的水分使自身体积减小、密度增大，同时还发生黏土矿物成分和结构的变化。其中最主要的成岩化学变化为蒙皂石向伊利石转化。此外，还有蒙皂石向绿泥石转化、高岭石向绿泥石转化、高岭石向伊利石转化等。成岩演化使页岩初始的黏土矿物特征发生显著变化，特别是蒙皂石的成岩变化对页岩黏土矿物组成的影响最大，与油气的关系也最为密切，众多学者对其进行了大量的研究工作[80-84]。

常用的蒙皂石向伊利石转化的化学反应方程式如下[85]：

$$4.5K^+ + 8Al^{3+} + 蒙皂石 \longrightarrow 伊利石 + Na^+ + 2Ca^{2+} + 2.5Fe^{3+} + 2Mg^{2+} + 3Si^{4+} + 10H_2O \quad (5\text{-}1)$$

$$3.93K^+ + 1.57\,蒙皂石 \longrightarrow 伊利石 + 1.57Na^+ + 3.14Ca^{2+} + 4.78Fe^{3+} + 4.28Mg^{2+} +$$
$$24.66Si^{4+} + 57O^{2-} + 11.40OH^- + 15.7H_2O \quad (5\text{-}2)$$

上述反应式表明蒙皂石伊利石化是一个加钾、生成伊利石和脱水的过程。

随着埋深和温度的增加，页岩中的蒙皂石将逐渐向伊蒙混层或绿蒙混层演化，在富钾的水质条件下向伊蒙混层转化，而在富镁的水质条件下向绿蒙混层转化。

蒙皂石向伊利石的演化可以表示为蒙皂石→无序蒙伊混层→有序伊蒙混层→伊利石。在早成岩 A 期常见分散状蒙皂石，到早成岩 B 期向无序混层转化；在中成岩 A 期的前期混层类型为部分有序，后期为有序混层，到中成岩 B 期为超点阵即卡尔克博格型有序；到晚成岩阶段，混层消失转变为片状伊利石，见表 7-8。

表 7-8 页岩蒙皂石伊利石化与页岩成岩阶段、页岩脱水、有机质成熟度的对应关系

| 页岩 | | | | | | 有机质 | | | |
蒙皂石、伊利石混层类型	伊蒙混层比/%	混层转化带	孔隙度/%	力学性质	页岩成岩阶段	成熟阶段	R_o/%	脱水带	层间变化
蒙皂石	>70	蒙皂石带	30~80	黏性	早成岩阶段 A	未成熟	<0.35	孔隙水快速脱水带	
无序混层	50~70	渐变带			B	半成熟	0.35~0.5	层间水稳定带	
部分有序	35~50	第一迅速转化带	10~30	塑性	中成岩阶段 A	低成熟	0.5~0.7	层间水第一快速脱水带	层间水排出，异常压力
有序混层	15~35	第二迅速转化带				成熟	0.7~1.3	层间水第二快速脱水带	层间有机质排出；"水桥"层间水排出，异常压力
超点阵（卡尔克博格型）	<15	第三转化带	5~10	弹性	B	高成熟	1.3~2.0	深埋藏缓慢脱水带	
伊利石	消失	伊利石带	<5		晚成岩阶段	过成熟	2.0~4.0		

借鉴前人研究成果[86-87]，伊蒙混层分带可分为六个转化带：蒙皂石带、渐变带、第一迅速转化带、第二迅速转化带、第三转化带和伊利石带。页岩蒙皂石伊利石化与页岩成岩阶段、有机质成熟度的对应关系如表 7-8 所示。蒙皂石带中含分散状蒙皂石及蒙皂石占比

在70%以上的伊蒙混层黏土矿物，有机质处于未成熟阶段，镜质体反射率 $R_o<0.35\%$，成岩阶段属早成岩 A 期，岩石疏松。在渐变带，蒙皂石向无序混层转变，蒙皂石在伊蒙混层中占比为 50%~70%，有机质为半成熟，镜质体反射率为 0.35%~0.5%，成岩阶段属早成岩 B 期。在第一迅速转化带，伊蒙混层开始由无序向部分有序转化，在伊蒙混层中蒙皂石占比降低至 35%~50%，有机质处于低成熟阶段，R_o 为 0.5%~0.7%，该带常见油层分布，成岩阶段划分为中成岩 A 期前期。在第二迅速转化带，伊蒙混层转化为有序，蒙皂石占比低至 15%~35%，有机质成熟，R_o 为 0.7%~1.3%，常有油层及少量气层分布于此带，成岩阶段为中成岩 A 期后期。第三转化带中蒙皂石在伊蒙混层中占比较低，小于 15%，为卡尔克博格型有序，有机质过成熟，R_o 为 1.3%~2.0%，成岩阶段属中成岩 B 期，生成凝析油及湿气。在伊利石带，页岩进入晚成岩阶段，混层消失，伊利石为片状，有机质过成熟，R_o 为 2.0%~4.0%，产出干气。

沉积物从埋藏开始就在上覆压力的作用下开始排出孔隙水。随着埋藏深度和温度的增加，蒙皂石向伊利石转化的过程中同时脱出层间水。随着孔隙水和层间水的不断排出，页岩的孔隙度逐渐减小，密度增大。页岩的压实程度和水含量决定了页岩孔隙度的大小，并且明显受黏土矿物成岩演化的影响，如表 7-8 所示。根据美国墨西哥湾盆地泥岩成岩过程中黏土矿物脱水过程[88]、松辽盆地泥岩脱水特征[89]，将页岩脱水过程分为四个不同性质的带，见图 7-6。由于蒙皂石的脱水速度取决于蒙皂石向伊利石转化的速度，因此蒙皂石的转化与页岩脱水是相互对应的，蒙皂石的迅速转化带即为页岩的快速脱水带。

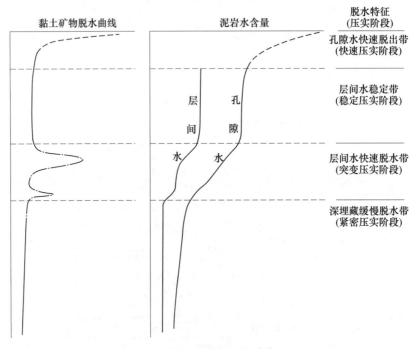

图 7-6　页岩脱水特征[89]

在孔隙水快速脱水带，沉积物在上覆地层的压力作用下快速脱出大量的孔隙水和过量的层间水（钠基蒙脱石中多于一层的水分子，钙基蒙脱石中多于两层的水分子）。经过迅速压实后，页岩的渗透性很低，脱水速度非常缓慢，进入到一个相对稳定的压实带，即层间水稳定带，此带中蒙皂石的层间水是稳定的，层间水分子层保持不变。在层间水快速脱水带，由于蒙皂石向伊利石转化脱出大量的层间水，使得黏土矿物颗粒体积减小，在页岩中产生新的孔隙，从而增加了页岩渗透性，在上覆地层压力下再次出现快速排水时期。在蒙皂石层间水快速脱出以后，进入紧密压实阶段，页岩变得更加致密，脱水速度十分缓慢，页岩中只有少量的层间水和孔隙水。

在层间水快速脱水带，有两个快速失水时期，这是由于烃源岩中有机质大部分以有机黏土复合体的形式存在，而有机黏土复合体的脱水特征与纯黏土矿物存在显著差异。蒙皂石矿物的脱水顺序是吸附水、层间水和结构水，而有机黏土复合体的失水顺序是吸附水、层间水、受层间吸附有机质影响的滞排层间水和结构水[90]。蒙皂石层间有机质与层间水具有密切的关系，蒙皂石层间水可作为"水桥"把蒙皂石与有机质紧密结合[91-92]，只有在蒙皂石层间有机质排出后，作为"水桥"的层间水才能得以释放，表明层间有机质的存在造成了蒙皂石部分层间水的滞后排出[90]。层间水排出后以自由水的形式进入页岩孔隙当中，由于页岩的孔隙小、连通性差，水很难排出，导致页岩中孔隙压力增大。页岩气储层中蒙皂石伊利石化过程中层间水的排出会使地层中的孔隙压力增加到异常高的数值，而压力的增大会增加页岩气的吸附量[93]。异常高压位置，往往对应着页岩气的有利富集区。层间水的排出造成的异常压力主要在蒙皂石伊利石化的第一迅速转化带及第二迅速转化带末，伴随微裂缝的产生。因此，层间有机质排出以前以及"水桥"层间水排出时期，即从无序伊蒙混层向部分有序混层转化阶段（伊蒙混层比 35%～50%）以及有序伊蒙混层形成的末期（伊蒙混层比 15%左右），对应着页岩气的有利富集期[94]。在有序伊蒙混层形成的末期，此时有机质成熟度较高，裂解形成大量的天然气。

随着页岩的不断脱水和压实，其力学性质逐渐由黏性变为塑性再变成弹性。页岩孔隙度在 30%左右是页岩黏性—塑性的界线，对应早成岩与中成岩 A 期的界线；孔隙度在 10%左右是页岩塑性—弹性的界线，对应中成岩 A 期与中成岩 B 期的界线，如表 7-8 所示。

为了探索黏土矿物成岩演化与油气生成的关系，王行信和卢志福[95]进行了高温高压模拟实验。实验结果表明：在蒙皂石开始转化前（即蒙皂石带），页岩只有少量的烃类生成，有机质处于未成熟阶段；在蒙皂石向伊利石迅速转化脱出层间水时，有机质大量向烃类转化，生成大量油气，压力急剧升高，表明有机质向烃类转化的反应与页岩中蒙皂石向伊利石转化的脱水反应有着密切关系。

前人研究表明，烃源岩中黏土矿物蒙皂石伊利石化与油气生成有着以下关系：烃源岩的生油门限深度与伊蒙有序混层的顶界深度一致；烃源岩的生油高峰与伊蒙混层中蒙皂石占比为 20%～30%的深度一致；有机质过成熟的顶界深度与伊蒙混层消失的顶界（伊利石带）一致[75,96]。

页岩气的生成和运移都是在页岩储层中进行的，与黏土矿物的成岩演化，尤其是蒙皂石向伊利石的转化有着密切的联系。页岩成岩过程中的压实作用及脱水作用会使基质矿物的比表面积和微孔隙减小，对页岩气的赋存不利；但是，蒙皂石层间脱水产生的微裂缝以及异常高压，将有利于页岩气的富集和储存。页岩储层中蒙皂石迅速向伊利石转化的时期是页岩气聚集和运移的最有利时期。

　　黔北地区五峰组-龙马溪组黑色页岩中黏土矿物主要为伊利石和绿泥石，有少量的伊蒙混层，为成岩中晚期，有机质为高成熟、过成熟，主要产出干气。其下段属于有序伊蒙混层形成的末期，能形成大量的天然气，是页岩气勘探开发的重点层位。

　　牛蹄塘组黑色页岩中黏土矿物基本为伊利石，不含伊蒙混层矿物，成岩演化已达到晚成岩阶段，处于有机质过成熟生干气阶段。

7.2.2　有机质的演化

　　有机质的演化按沉积作用一般可分为成岩作用、深成作用和变质作用三个阶段[97]；按有机质的热演化程度，可将其分为未成熟阶段、成熟阶段、高成熟阶段、过成熟阶段和变质期。

　　有机质的成岩作用阶段是有机质在松散的沉积物固结成岩的过程中，经历以微生物改造为主的演化阶段。有机质的成岩作用不等同于沉积物的成岩作用，有机质成岩阶段对应页岩早成岩阶段，见表7-9。成岩作用的特征是低温、低压，以生物化学作用和化学作用为主。沉积有机质中的大部分在成岩作用中被微生物分解和选择性吸收，剩余的较稳定组分通过缩聚作用和不溶解作用，演化成相对分子质量更大、结构更复杂、性质相对稳定的聚合物——干酪根（高分子聚合物）[97-98]。在该过程中，沉积物中的生物聚合体先是分解为生物单体，然后重新聚合为地质聚合物（干酪根）。演化过程中，同时有少量的可溶有机质形成，为游离态或被封闭在缩聚物中。该阶段主要形成的烃是甲烷（生物成因气），这是沉积有机质经厌氧细菌发酵生成的天然气。

表 7-9　有机质演化与页岩成岩阶段关系

有 机 质						页岩成岩阶段/变质作用		有机质演化阶段		温度/℃
R_o/%	T_{max}/℃	孢粉颜色热变指数 TAI	成熟阶段	生烃机理	主要产物					
<0.35	<430	淡黄 <2.0	未成熟	生物化学作用	生物气干酪根	早成岩阶段	A	成岩作用		常温~65
0.35~0.5	430~435	深黄 2.0~2.5	半成熟				B			65~85
0.5~0.7	435~440	橘黄 2.5~2.7	低成熟	热催化作用	石油	中成岩阶段	A	深成作用	A	85~140
0.7~1.3	435~460	棕 2.7~3.7	成熟							
1.3~2.0	460~500	棕黑 3.7~4.0	高成熟	热裂解作用	凝析油湿气		B		B	140~175
2.0~4.0	>500	黑 >4.0	过成熟	热裂解作用	干气（甲烷）	晚成岩阶段		变质作用	A	175~200
>4.0			变质期	生烃终止	石墨	变质作用			B	>200

　　沉积有机质经过成岩作用后，除了一部分形成可溶性有机物（烃、沥青等）外，大部分转化为干酪根。随着埋深的增加，压力越来越大，温度越来越高，干酪根不再稳定，将

发生内部结构的重新调整，进入热应力作用下的干酪根热解生油气阶段，即深成热解作用阶段。深成热解作用阶段，根据生成产物不同，可以分为两个阶段：（1）深成作用 A 期，对应页岩成岩阶段的中成岩 A 期，该期为生油主要阶段，以热催化作用为主，有机质从低成熟到成熟，镜质体反射率 R_o 为 0.5% ~ 1.3%；（2）深成作用 B 期，对应页岩成岩阶段的中成岩 B 期，该期主要裂解生成凝析油和湿气，有机质为高成熟，R_o 为 1.3% ~ 2.0%。由于蒙皂石向伊利石转化与沉积有机质向石油演化具有一致性，因而伊蒙混层的出现与有机质开始成熟是重合的[98]。

变质作用阶段是有机质干酪根演化的最后一个阶段，演化在埋藏相当深、温度相当高的条件下进行，以高温、高压为特征，有机质的演化已达到非常高的成熟阶段。该阶段也可分为两个阶段：（1）变质作用 A 期，对应页岩成岩阶段的晚成岩阶段，有机质为过成熟，R_o 为 2.0% ~ 4.0%。干酪根的热降解率降低，释放出少量的甲烷，无明显数量的烃类生成。此外，前一阶段形成的液态烃类和重质气态烃在高温下进一步裂解为干气（甲烷）；（2）变质作用 B 期，对应页岩的变质作用，$R_o > 4.0\%$，生烃终止，干酪根由于芳构化和缩聚作用逐渐演变为石墨。黔北地区页岩储层主要处于裂解生成干气阶段，有可能形成页岩气藏。

7.3 黏土矿物对有机质生烃的催化作用

早在 20 世纪中叶，Brooks[99] 就发现页岩中的黏土矿物对有机质生烃起着催化作用。烃源岩中黏土矿物能降低生烃反应的活化能，加快反应速度，可使有机质的热解反应速度成上万倍增加，具有显著的油气地质意义。

7.3.1 黏土矿物的催化机理

在有机质生烃的催化反应中，常用到酸碱质子理论和酸碱电子理论。1923 年，丹麦化学家 Brönsted 和英国化学家 Lowry 提出酸碱质子理论：凡是能提供质子（H^+）的物质称为酸（Brönsted 酸，简称 B 酸，也称为质子酸），凡是能接受质子的物质称为碱（B 碱），包括分子、原子或原子团。美国化学家 Lewis 于 1923 年提出酸碱电子理论：凡是能接受电子对的物质称为酸（Lewis 酸，简称 L 酸），凡是能提供电子对的物质称为碱（L 碱）。

黏土矿物的催化活性是指黏土矿物具有改变有机质生烃反应速度的性能。黏土矿物具有催化生烃作用，在于其表面同时存在 B 酸和 L 酸这两种类型的酸中心。被黏土矿物吸附在表面和层间的水分子，都以一定的形式与黏土矿物表面和层间的阳离子结合，呈 M^+—OH^-—H^+，成为提供质子源的 B 酸中心；暴露于黏土矿物侧缘断口上的 Al^{3+} 和 Fe^{3+} 由于配位不足，是一个对外来电子有高度亲和力的空轨道位置，是 L 酸中心[75]。B 酸和 L 酸在一定的条件下可相互转化。裂解反应、聚合反应、氢转移反应主要在 B 酸中进行，而烯烃异构化反应和芳烃烷基化反应在两类酸中心都可进行，有机质的脱羧基反应主要与 L 酸有关[100]。

有机质生烃过程中要经历脱羧反应及裂解反应，在这两种反应中，黏土矿物表现出两种不同的催化特征。在脱羧反应中，黏土矿物作为 L 酸，L 酸位上的 Al^{3+} 或 Fe^{3+} 从有机分子中得到一个电子，而羧酸失去一个 CO_2 形成自由基，自由基进一步发生重排反应，导致碳碳键的断裂，生成键长较短的游离烃，化学反应式为[101]：

$$CH_3(CH_2)_nCOOH \longrightarrow CH_3(CH_2)_{n-1}CH_3 + CO_2 \uparrow \tag{7-3}$$

该反应对蒙皂石来说，主要发生在层间位置；对高岭石、伊利石来说，则主要发生在表面，与断键位置上八面体中的阳离子有关[102]。在有机质的热裂解过程中，黏土矿物作为 B 酸向有机分子提供质子 H^+，质子 H^+ 源于与交换性阳离子结合的吸附水和层间水分子的离解，反应式为：

$$n[M(H_2O)_x]^{z+} \xrightarrow{K} n[M(H_2O)_{x-1}OH]^{z-1} + nH^+ \tag{7-4}$$

离解的质子 H^+ 与有机分子中的碳原子形成正碳离子，正碳离子易进一步重排和断裂，形成以支链烃为主的烃类[103-104]。

7.3.2 黏土矿物催化反应影响因素

7.3.2.1 有机酸

天然黏土矿物的催化活性一般较小。在有机质的演化过程中，有机质降解和脱羧反应生成相当数量的有机酸和 CO_2，形成酸性环境，如有机碳含量为 8% 的烃源岩，其中 3% 有机碳生成有机酸[105]。以蒙皂石为例，在酸化过程中，蒙皂石八面体中的金属阳离子（Al^{3+}、Fe^{3+} 等）和层间交换性阳离子（Na^+、Ca^{2+}、Mg^{2+} 等）被溶出，八面体中六次配位铝的羟基也同时脱出。蒙皂石八面体和层间阳离子被 H^+ 取代后，黏土矿物的负电性增加。由于电荷的相互排斥使颗粒变细，增大了蒙皂石的外表面积。同时，由于层间阳离子的溶出，疏通了层间孔道，增大了内表面积。八面体片中六次配位铝脱羟基导致产生大量的断键。表面积的增加和断键的产生将增强蒙皂石的催化活性[106]。

有机酸可以促进矿物晶格的质子注入作用，加快矿物水解破坏矿物晶体结构，可以选择性地结合 Fe^{2+}、Fe^{3+}、Al^{3+} 等，为体系创造还原条件[107]。有机酸是自然条件下活性黏土矿物催化活性的潜在根源，是蒙皂石获得最大催化活性的重要条件，有机酸的存在将极大促进蒙皂石向伊利石转化[75]。

7.3.2.2 黏土矿物成岩演化

烃源岩中黏土矿物蒙皂石伊利石化过程与有机质生烃有着密切关系。黏土矿物的比催化活度随伊蒙混层中伊利石层的增加和四面体电荷的增加而增加，伊蒙混层阶段的伊利石是比蒙皂石更活跃的催化剂，这是由于蒙皂石向伊利石转化过程导致层电荷的升高和结构无序性的加剧使得黏土矿物催化活性增强[108]。

一方面，水易为 B 酸提供质子 H^+；另一方面，水的存在将降低黏土矿物对烃类的吸附性，水含量过高会降低水分子的极化和离解能力，大大降低黏土矿物的催化活性[109]。水对黏土矿物的催化作用具有双重效应，因而黏土矿物中的水含量是控制黏土矿物催化活性的重要因素。这是由于黏土矿物的有效酸性源于交换性阳离子对水分子的极化和离解，其离解常数的大小与黏土矿物的水含量有关。地层中含有的少量水足以使黏土矿物的催化作用处于最佳状态，且不会降低黏土矿物对有机质的吸附能力，也不会降低水分子的极化和离解能力，同时可为烃类物质的形成提供氢源[110]。以蒙皂石为主的烃源岩的最大催化活性出现在蒙皂石脱层间水的时期，其有机质晚期生烃高峰往往与蒙皂石脱出层间水的高峰一致[75]。

结合前面黏土矿物成岩演化和有机质演化特征，蒙皂石脱出层间水阶段，为蒙皂石向伊利石迅速转化时期，由于层间水的脱出将产生异常高压和微裂缝，同时黏土矿物催化活性最大，因此这个阶段是页岩气生成和运移的有利时期。

7.4 "有机质-黏土矿物" 集合体与页岩气储存关系

采用扫描电镜配合能谱分析研究黑色页岩有机质赋存状态过程中，见"有机质-黏土矿物"集合体普遍存在于黑色页岩中，对页岩气赋存起着一定的控制作用。

7.4.1 "有机质-黏土矿物" 集合体特征

扫描电镜（SEM）图 7-7、图 7-8 表明，研究区黑色页岩中普遍见"有机质-黏土矿物"集合体存在，除 A 样品中存在硫化物（硫铁矿）外，其余样品经能谱成分分析，结果证明矿物化学组分主要为黏土矿物伊利石（表 7-10），并含有一定量 SiO_2。结合黑色页岩 XRD 分析，主要黏土矿物为伊利石，可以得出"有机质-黏土矿物"集合体主要以"有机质-伊利石黏土矿物"集合体形式存在。

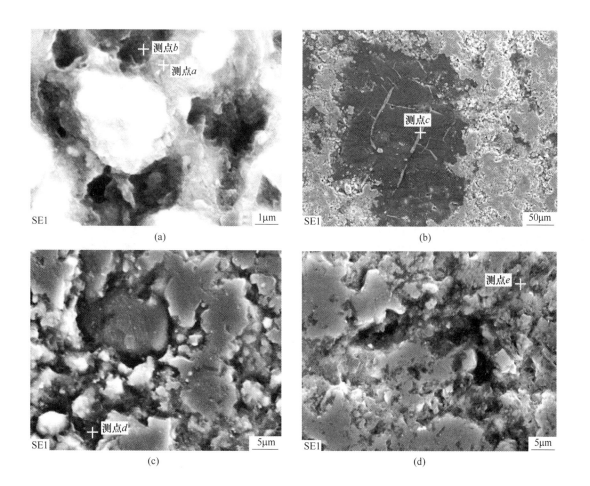

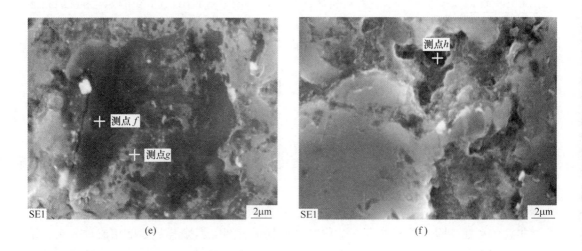

图 7-7 研究区黑色页岩中见产出"有机质-黏土矿物"集合体

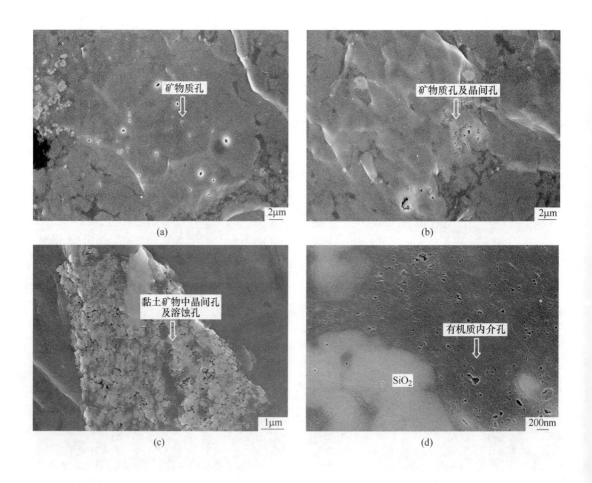

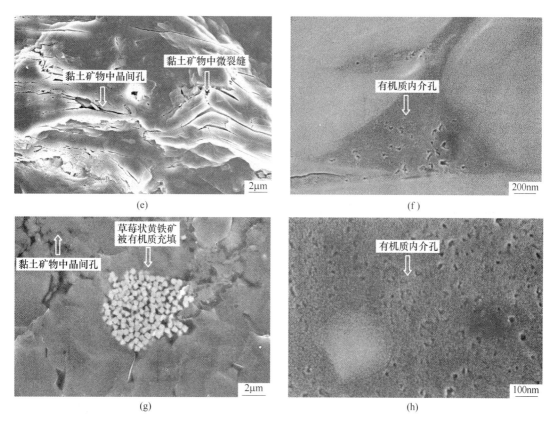

图7-8 部分黑色页岩"有机质-矿物"集合体、有机质及黏土矿物形貌及孔隙特征

（a）见矿物质孔，孔径200nm左右，可见有机质；（b）见较发育的矿物质孔及晶间孔，孔径100~1000nm；（c）表明黏土矿物中孔隙发育，多为晶间孔和溶蚀孔，孔隙多为大孔和介孔，有机质部分同样孔隙较发育，以介孔为主；（d）表明有机质中见有机质孔，直径20nm左右，多属于介孔，孔隙发育；（e）见黏土矿物晶间微孔及微裂缝；（f）黑色页岩中有机质较多，孔隙发育，以介孔为主；（g）草莓状黄铁矿、被黏土矿物及有机质充填，周围有矿物收缩裂缝及少量矿物质孔；（h）有机质孔，孔径多在介孔范围

表7-10 "有机质-黏土矿物"集合体能谱分析结果

元素含量/%	测点a	测点b	测点c	测点d	测点e	测点f	测点g	测点h
C	38.60	42.73	20.80	28.71	40.78	52.28	54.40	70.05
O	30.13	21.93	36.44	33.49	22.59	14.10	14.57	11.46
Al	2.23	3.30	14.80	4.43	6.93	4.84	2.09	1.86
Si	19.89	26.76	21.18	30.15	25.74	24.59	27.38	15.70
S	5.29	3.63	—	—	—	—	—	—
K	0.71	1.64	4.99	3.22	2.30	3.50	1.57	0.92
Fe	3.15	—	—	—	—	—	—	—
Na	—	—	—	—	0.96	—	—	—
总计	100.00	99.99	98.21	100.00	99.30	99.31	100.01	99.99

7.4.2　"有机质-黏土矿物"集合体形貌、孔裂隙及微孔裂隙类型分布特征

对研究区部分黑色页岩样品制样后采用氩弧离子抛光（仪器型号SC1000），后使用场发射扫描电镜∑IGMA进行观察分析，其分析结果见图7-8。

"有机质-黏土矿物"集合体主要形貌见图7-8（c），表现为黏土矿物中孔隙发育，其中充填有机质，构成"有机质-黏土矿物"集合体。还见草莓状黄铁矿，被黏土矿物及有机质充填，周围有矿物收缩裂缝及少量矿物质孔，构成"有机质-黏土矿物-黄铁矿"集合体，如图7-8（g）所示。图7-8还见有机质中存在矿物及矿物集合体，构成"有机质-矿物"集合体。

"有机质-黏土矿物"集合体等中的孔隙主要分为以下几类：

（1）黏土矿物中存在晶间孔和溶蚀孔，孔隙多为大孔和介孔，其中充填有机质，有机质内可见介孔，见图7-8（c）。

（2）黏土矿物及其他矿物边缘微裂隙及微孔，见图7-8（c）（e）（f）。

（3）有机质部分孔隙较发育，以介孔为主；再者黑色页岩中有机质较多，孔隙发育，有机质孔隙直径在20nm左右，多属于介孔，见图7-8（d）（f）（h）。

（4）矿物质孔及晶间孔隙，孔径100～200nm，可见有机质；样品中见矿物周边存在矿物收缩裂缝及矿物质孔，见图7-8（a）（b）。

（5）草莓状黄铁矿等矿物集合体中粒间孔，能被有机质充填，见图7-8（g）。

"有机质-黏土矿物"集合体、"有机质-矿物"集合体及有机质中发育的各类孔隙、裂缝，为页岩气赋存空间。

7.4.3　"有机质-黏土矿物"集合体对甲烷气体吸附实验及结果分析

在水体、泥质沉积物及泥岩中，黏土矿物与有机质常紧密共生。自然界中绝大部分有机质与黏土矿物结合，是以集合体（复合体）的形式存在，可称为"有机质-黏土矿物"集合体。"有机质-黏土矿物"集合体形成势必影响页岩气成藏。对黔北页岩气勘探井下寒武统黑色页岩及"有机质-黏土矿物"集合体进行甲烷气体高压等温吸附实验，以探求其对页岩气赋存的影响。实验采用的黏土矿物主要为伊利石，实验结果见表7-11。

表7-11　各种样品的甲烷吸附量

样　品	压力/MPa	$CH_4/cm^3 \cdot g^{-1}$
黑色页岩	1.540970443	1.04490071
	2.541646912	1.87521648
	3.657537648	1.96363702
	5.689648426	2.10773285
	7.133893474	2.13938232
	8.975804741	2.20201458
	11.0948691	2.21826574
	12.98104734	1.7972684

续表 7-11

样　品	压力/MPa	$CH_4/cm^3 \cdot g^{-1}$
有机黏土复合体	1.038407208	2.12685623
	2.151418554	2.42391821
	3.272292801	2.58038148
	5.063961944	2.44589371
	6.763901241	2.81488985
	8.627518075	3.32904802
	10.6411724	3.36831759
	12.70592352	3.42751303

注：贵州省煤田地质局实验室测试，实验温度30℃。

由表 7-11 可知，在 30℃ 条件下，黔北下寒武统黑色页岩中"有机质-黏土矿物"集合体对甲烷吸附量最大为 3.42751303cm³/g，而黑色页岩对甲烷吸附量最大为 2.21826574cm³/g，反映出有机黏土复合体具有很好的吸附甲烷能力。从前面分析已知黔北下寒武统黑色页岩中黏土矿物几乎为伊利石，纯伊利石在 35℃ 时对甲烷吸附量最大为 1.0892cm³/g，对比可知，"有机质-黏土矿物"集合体比纯黏土矿物具有更强的甲烷吸附能力，这一特性将影响黑色页岩中页岩气的赋存及富集。

7.5　黔北地区页岩储层生烃特征

研究区下寒武统牛蹄塘组黑色页岩成岩演化已达到晚成岩阶段，蒙皂石已转化为伊利石。其有机碳含量高，基本都超过商业开发的下限值 2%，有机质为过成熟，以热裂解作用为主，处于生气窗口，由前期生成的液态烃类和重质气态烃在高温下进一步裂解而产出干气，具有较好的勘探开发潜力。

研究区五峰组-龙马溪组下段有机碳含量较高，有机质演化处于高成熟、过成熟阶段，主要产出干气。页岩对应有序伊蒙混层形成的末期，有层间水脱出，在储层中产生异常高压和微裂缝，黏土矿物催化活性强，对有机质生烃有较强催化作用，能形成大量的页岩气。正是由于五峰组-龙马溪组下段处于页岩气富集的有利时期，在实际勘探中发现其开发前景优于牛蹄塘组（表 7-12）。

表 7-12　研究区页岩气含量

井　名	层　位	气含量/m³·t⁻¹	CH₄气体占比/%	数据来源
道页 1 井	龙马溪组	1.84~2.69	97.27	易同生和高弟，2015
习页 1 井	龙马溪组	0.63~2.81	82.4	易同生和高弟，2015
班竹 1 井	五峰组-龙马溪组下段	2.0~2.5	85.0	贵州省地质调查院
天星 1 井	牛蹄塘组	1.1~2.88	79.6	王濡岳等，2016
岑页 1 井	牛蹄塘组	0.3~1.8	95	王濡岳等，2016
麻页 1 井	牛蹄塘组	0.21~0.66		易同生和赵霞，2014
金页 1 井	牛蹄塘组	0.13~0.52		罗超，2014

7.6　本章小结

（1）黏土矿物具有丰富的不平衡电荷、大比表面积，并且有水存在于黏土矿物中，有机质因具有胶体性、电离性及溶解性等特征而具有很强的化学活性，因而，黔北地区黑色页岩有机质主要以有机黏土复合体形式存在于黑色页岩中。

（2）有机质的演化和黏土矿物成岩演化（主要是蒙皂石伊利石化）具有对应关系，见表7-8、表7-9，因而页岩气的生成和运移与黏土矿物的成岩演化有着密切的联系。页岩成岩过程中的压实作用及脱水作用会使基质矿物的比表面积和微孔隙减小，不利于页岩气的赋存；然而，蒙皂石层间脱水产生的微裂缝以及异常高压，将提高页岩气的富集和储存。有机质生烃与页岩中蒙皂石向伊利石转化的脱水反应有着密切关系。在层间水快速脱水时期，即蒙皂石迅速向伊利石转化的时期，是页岩气聚集和运移的最有利时期。由于有机黏土复合体性质有别于纯黏土矿物，页岩中有机黏土复合体中的层间水不是一次脱出，而是先脱出部分层间水，再排出层间有机质，然后脱出受层间吸附有机质影响的滞排层间水（"水桥"层间水）。层间有机质排出以前以及"水桥"层间水排出时期，即从无序伊蒙混层向部分有序混层转化阶段以及有序伊蒙混层形成的末期，对应着页岩气的有利富集期。

（3）黏土矿物对有机质生烃起催化作用。在有机质的演化过程中，将生成相当数量的有机酸。有机酸是黏土矿物催化活性的潜在根源，具有相当数量有机质是黏土矿物获得最大催化活性的保证。蒙皂石的催化活性主要来源于其伊利石化过程，烃源岩的最大催化活性出现在蒙皂石脱层间水的阶段。脱出层间水过程与有机质生烃反应同步，该阶段是有机质生烃最有利时期。

8 黏土矿物与有机黏土复合体甲烷吸附特征

为进一步揭示黏土矿物、有机黏土复合体对页岩储层含气的影响，对研究区黑色页岩、标准黏土矿物及有机黏土复合体进行了高压等温吸附实验。

近年来，计算机分子模拟作为一种理论研究方法在研究吸附剂吸附性能方面得到广泛应用，可从分子水平研究多孔材料与流体分子间微观吸附机理[111-114]。本书利用巨正则蒙特卡洛模拟方法和分子动力学方法对甲烷分子在 3 类黏土矿物（蒙脱石、伊利石和绿泥石）以及在黏土矿物与干酪根形成的复合结构中赋存微观结构和微观吸附机理进行了研究，将甲烷在黏土矿物与黏土矿物同干酪根形成的复合结构的吸附进行了对比。

8.1 黏土矿物与有机黏土复合体对甲烷的高压等温吸附实验

8.1.1 吸附原理

吸附现象是发生在相异二相边界上的一种分子积聚现象。页岩基质颗粒对天然气（主要成分为 CH_4）的吸附为气体在固体表面的吸附，是把分子配列程度较低的气相 CH_4 分子浓缩到分子配列程度较高的固相基质颗粒中，基质颗粒为吸附剂，CH_4 为吸附质。吸附剂具有吸附性能是由于分布在表面的质点同内部的质点具有明显不同特征。在相同相态物质中，质点间的吸引力是平衡的，而在两相物质的交界处则处于非平衡力作用之下，物质的比表面积越大其非平衡力也越大。借助该力场，吸附剂物质的表面就能对同它接触的吸附质质点起到吸引作用。

吸附可分为物理吸附和化学吸附，物理吸附和化学吸附最本质区别在于吸附力的性质，并由此在吸附热、吸附速度、吸附温度、吸附层数、吸附的选择性和可逆性上有着明显的差异，具体见表 8-1。

表 8-1　物理吸附与化学吸附比较

项　目	物理吸附	化学吸附
吸附力	范德华力，较小	化学键力，较大
吸附热	小，相当于 1.5~3 倍液化热	大，相当于化学反应热
吸附速度	快，受温度影响小	慢（需要活化能），温度升高则速度加快
吸附温度	较低（低于临界温度）	高（远高于沸点）
选择性	无选择性	有选择性
吸附层数	单层或多层	单层
可逆性	可逆，易脱附	不可逆，不能或不易脱附

页岩基质颗粒对天然气的吸附属于物理吸附，其过程是可逆的。当页岩气藏压力降低时，被吸附的气体从孔隙表面脱离出来转化为游离气，该过程为吸附的反过程，称为解吸。一般采用吸附量来衡量页岩储层对天然气的吸附能力，吸附量为单位质量页岩储层所吸附的天然气体积。

气体在固体表面上的吸附，吸附量是温度、气体压力、吸附质及吸附剂性质的函数。当吸附剂和吸附质一定时，吸附量只与温度和气体压力有关。对于页岩基质颗粒对天然气这一气固吸附体系，当温度一定时，页岩气吸附量只是气体压力的函数。这时页岩气吸附量与气体压力的关系曲线为吸附等温线。页岩气藏的等温吸附线对于页岩气藏的开发有着重要的作用，利用该曲线可以评价页岩储层的储气能力，确定页岩气开始从基质孔隙表面脱离时的压力及气藏开采过程中某一压力下的解吸页岩气量[115]。

Brunauer[116]根据大量气体吸附实验结果，将气体吸附等温线分为 5 种基本类型，见图 8-1。纵坐标为单位质量吸附剂平衡状态下的吸附量，横坐标为对应于平衡状态下的气体压力。

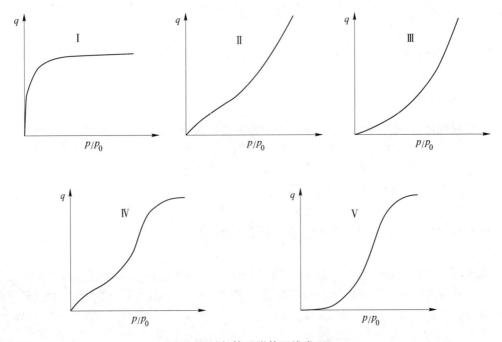

图 8-1 气体吸附等温线类型

图中所示类型 I 即 Langmuir 型吸附模型，这是一种单层吸附模型，适用于化学吸附和多孔介质物理吸附。当气体压力较低时，吸附量迅速增加，达到一定压力后吸附量趋于定值，即达到吸附极限。页岩中的有机质和黏土矿物对于天然气的吸附属于单分子层物理吸附[117]，相对应的吸附等温线为 I 型。

Langmuir 于 1918 年提出了著名的单分子层吸附理论，从动力学模型出发推导出了单层等温吸附公式[118]。Langmuir 吸附模型基本假设如下：吸附热与表面覆盖度无关，即吸附热为常数；被吸附的气体分子间没有相互作用；固体表面均匀，发生吸附的机理相同，吸附质有相同的结构；固体表面吸附为单层吸附。

根据 Langmuir 公式，页岩气吸附量与压力之间的关系如下：

$$\theta = \frac{V}{V_m} = \frac{bp}{1 + bp} \tag{8-1}$$

式中　θ——表面覆盖度，吸附的页岩气分子覆盖的表面积占总表面积的比例；

　　　V——气体压力为 p 时的页岩气吸附量，m^3/t；

　　　V_m——饱和吸附量，m^3/t；

　　　b——吸附常数，MPa^{-1}；

　　　p——平衡气体压力，MPa。

将式（8-1）变形，得到 Langmuir 公式另一常用形式：

$$V = V_L \frac{p}{p + p_L} \tag{8-2}$$

式中　V_L——Langmuir 体积，即页岩的理论最大吸附量，$V_L = V_m$，m^3/t；

　　　p_L——Langmuir 压力，即气体吸附量达到理论最大吸附量一半时对应的压力，$p_L = 1/b$，MPa。

p_L 反映页岩吸附气体的难易程度，其值越小，表明页岩对气体的吸附能力越强。

8.1.2　吸附实验

页岩样品取自黔北地区凤参 1 井、天马 1 井牛蹄塘组黑色页岩及班竹 1 井五峰组-龙马溪组下段黑色页岩。

黏土矿物样品：由于直接从页岩中分离提取单一的黏土矿物较为困难，因而采用美国黏土矿物学会（The Clay Minerals Society）提供的蒙脱石、伊蒙混层、伊利石及绿泥石标准黏土矿物，见表 8-2。

表 8-2　黏土矿物样品

序　号	名　称	规　格	产　地
1	绿泥石	CCa-2	美国加州埃尔多拉多县升旗山
2	伊蒙混层	ISCz-1	斯洛伐克
3	钠蒙脱石	SWy-3	美国怀俄明州克鲁克县
4	伊利石	IMt-2	美国蒙大拿州银山

有机黏土复合体制备程序：将采集页岩样品清洗后在 80℃ 下烘干，然后将样品粉碎至小于 0.2μm，将粉碎后的样品用 1：1 的盐酸溶液反复处理至无反应，把除去碳酸盐的样品用 1：1 的氨水溶液反复处理至中性，再用蒸馏水反复洗涤，使黏粒悬浮，吸取悬浮液，将吸取的悬浮液离心，使黏粒沉降，将离心后的样品在低于 60℃ 电热干燥箱中烘干，将烘干后的样品用玛瑙研钵磨至手摸无颗粒感，并用样品袋装好，标明样品编号[119]。

将页岩样品、黏土矿物、有机黏土复合体，在 250℃ 恒温活化 4h，然后利用美国 CORE Lab 公司 GAI-100 型高压气体等温吸附仪进行甲烷吸附实验。实验以高纯的高压钢瓶气（He 和 CH₄）为气源，在 30℃ 下，通过调节供气压力（0~15MPa）进行甲烷吸附量的连续测定。

黏土矿物的等温吸附曲线如图 8-2 所示。凤参 1 井、天马 1 井及班竹 1 井的页岩样品及有机黏土复合体的等温吸附曲线，分别如图8-3、图8-4和图8-5所示。

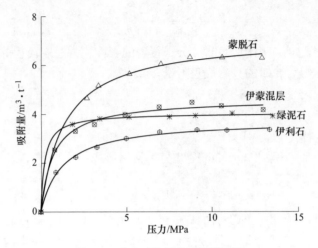

图 8-2　黏土矿物甲烷吸附等温线

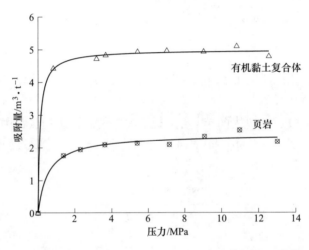

图 8-3　凤参 1 井牛蹄塘组页岩及有机黏土复合体甲烷吸附等温线

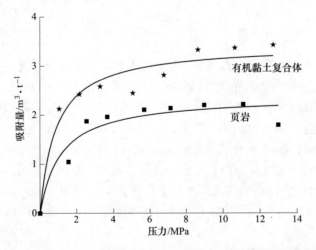

图 8-4　天马 1 井牛蹄塘组页岩及有机黏土复合体甲烷吸附等温线

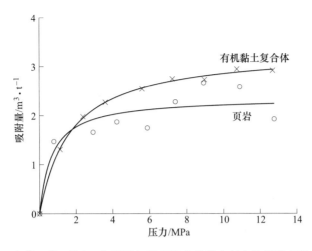

图 8-5 班竹 1 井五峰组-龙马溪组页岩及有机黏土复合体甲烷吸附等温线

实验数据采用 Langmuir 单分子层吸附模型进行处理，拟合结果见表 8-3。拟合结果表明相关性很好，相关系数在 0.95 以上，说明页岩样品、黏土矿物及有机黏土复合体对天然气吸附为 I 型等温吸附，吸附规律符合 Langmuir 吸附定律。

表 8-3 等温吸附实验数据拟合结果

序号	样 品	$V_L/m^3 \cdot t^{-1}$	p_L/MPa	b/MPa^{-1}	R
1	伊蒙混层	4.5413	0.6344	1.5762	1.00
2	伊利石	3.7078	1.1872	0.8422	1.00
3	蒙脱石	7.0077	1.2095	0.8267	1.00
4	绿泥石	4.0209	0.1905	5.2468	1.00
5	凤参 1 井岩样	2.4143	0.5622	1.7784	0.99
6	凤参 1 井有机黏土复合体	4.9578	0.0704	14.2042	1.00
7	天马 1 井岩样	2.0986	0.388	2.5771	0.97
8	天马 1 井有机黏土复合体	3.7565	1.4996	0.6668	0.99
9	班竹 1 井岩样	2.3730	0.8018	1.2471	0.95
10	班竹 1 井有机黏土复合体	3.3300	1.6876	0.5925	1.00

表 8-3 显示，黏土矿物的甲烷吸附能力有较大差异，蒙脱石对甲烷吸附能力最强，其最大吸附量为 7.01m³/t；伊蒙混层、伊利石和绿泥石也有较强的甲烷吸附能力，它们的最大甲烷吸附量分别为 4.54m³/t、3.71m³/t 和 4.02m³/t。可见，黏土矿物的甲烷吸附能力次序为蒙脱石>>伊蒙混层>绿泥石>伊利石，该结果与吉利明等[30]的研究结果一致。

凤参 1 井、天马 1 井及班竹 1 井岩样的最大甲烷吸附量分别为 2.41m³/t、2.10m³/t 和 2.37m³/t，均小于黏土矿物中吸附能力最弱的伊利石，说明黏土矿物的甲烷吸附能力强于岩样。

从凤参 1 井、天马 1 井及班竹 1 井岩样中提取制备的有机黏土复合体的最大甲烷吸附量分别为 4.96m³/t、3.76m³/t 和 3.33m³/t，均大于各自岩样，天马 1 井有机黏土复合体的吸附能力是岩样的 1.4 倍，凤参 1 井有机黏土复合体的吸附能力是岩样的 2.1 倍，班竹 1 井有机黏土复合体的吸附能力是岩样的 1.4 倍，表明有机黏土复合体的甲烷吸附能力强于岩样。

8.2 黏土矿物、黏土矿物与有机质复合结构模型构建

8.2.1 黏土矿物晶胞结构、干酪根结构

蒙脱石、伊利石和绿泥石这 3 种黏土矿物的结构来源于美国晶体数据学家数据库，数据库地址为 http://rruff.geo.arizona.edu/AMS/amcsd.php。其中蒙脱石采用的结构在数据库中对应的代码为 database_code_amcsd 0002868，该结构来源于 Viani 等[120]。蒙脱石晶胞结构如图 8-6 所示。晶胞的原子组成为 $Al_4Si_8CaO_{24}$，晶胞参数为 $a = 0.518nm$，$b = 0.898nm$，$c = 1.5nm$，$\alpha = \beta = \gamma = 90°$。蒙脱石的四面体八面体结构如图 8-7 所示。

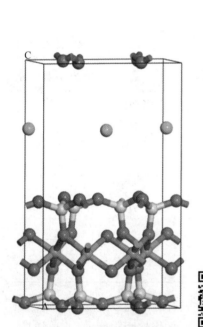

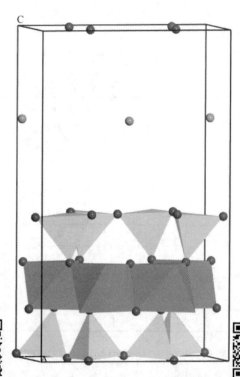

图 8-6 蒙脱石晶胞结构
（红色球为 O；黄色球为 Si；
紫色球为 Al；绿色球为 Ca）

图 8-6 彩图

图 8-7 蒙脱石的四面体八面体结构

图 8-7 彩图

伊利石采用的结构在数据库中对应的代码为 database_code_amcsd 0005015，该结构来源于 Drits 等[121]，伊利石晶胞结构如图 8-8 所示。晶胞的原子组成为 $Al_4Si_8K_2O_{24}$，晶胞参数为 $a = 0.52021nm$，$b = 0.89797nm$，$c = 1.0226nm$，$\alpha = \gamma = 90°$，$\beta = 101.570°$。伊利石的四面体八面体结构如图 8-9 所示。

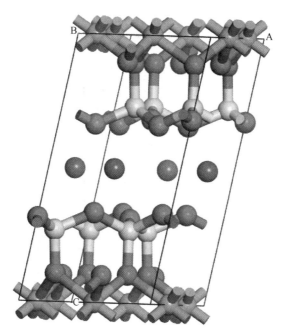

图 8-8 彩图

图 8-8　伊利石晶胞结构

（红色球为 O；黄色球为 Si；粉紫色球为 Al；紫色球为 K）

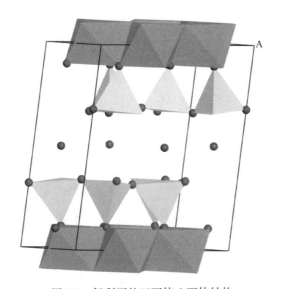

图 8-9 彩图

图 8-9　伊利石的四面体八面体结构

绿泥石采用的结构在数据库中对应的代码为 database_code_amcsd 0000162，该结构来源于 Lister 和 Bailey[122]，绿泥石晶胞结构如图 8-10 所示。晶胞的原子组成为 $Mg_{24}Si_{16}O_{72}$，晶胞参数为 $a=0.5335nm$，$b=0.924nm$，$c=2.8735nm$，$\alpha=\beta=\gamma=90°$。绿泥石的四面体八面体结构如图 8-11 所示。

有机质干酪根为无定形结构，主要含有碳、氢、氧元素，同时也含有少量的氮、硫元素，没有固定的化学式和分子结构。本书相关研究根据前述研究区黑色页岩有机地球化学

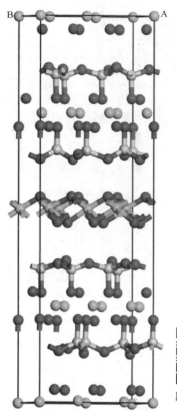

图 8-10 绿泥石晶胞结构

（红色球为 O；黄色球为 Si；绿色球为 Mg）

图 8-11 绿泥石的四面体八面体结构

图 8-10 彩图

图 8-11 彩图

特征，选用 I 型干酪根，其分子式为 $C_{251}H_{385}N_7O_{13}S_3$，结构来源于 http：//www.materialsdesign.com/science/structures/kerogens_and_coals，如图 8-12 所示。

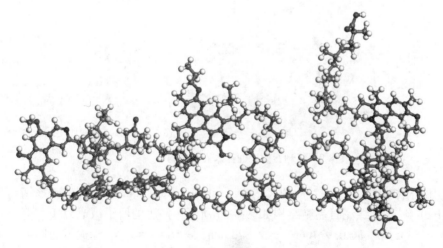

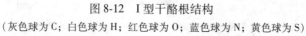

图 8-12 I 型干酪根结构

（灰色球为 C；白色球为 H；红色球为 O；蓝色球为 N；黄色球为 S）

图 8-12 彩图

8.2.2 黏土矿物与有机质复合结构模型

通过构建黏土矿物与有机质的复合结构，然后对其吸附甲烷进行分子模拟，以得出有机黏土复合体甲烷吸附特征，进而分析黏土矿物、有机黏土复合体的甲烷吸附差异。

根据黏土矿物的低压氮气吸附测试结果[123-124]可将黏土矿物孔隙形态简化为狭缝状，因此对黏土矿物的晶胞结构分别在 x 和 y 方向进行扩展，使其变为超晶胞。建立的蒙脱石超晶胞为 $10a \times 6b$ 结构，绿泥石和伊利石的超晶胞为 $8a \times 4b$ 结构。在三个超晶胞结构的 z 方向上增加一个空间，从而构建黏土矿物狭缝孔结构，其结构构型如图 8-13 所示。

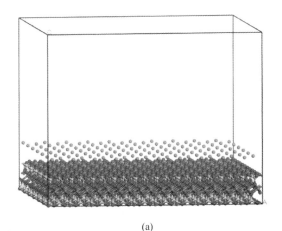

(a)

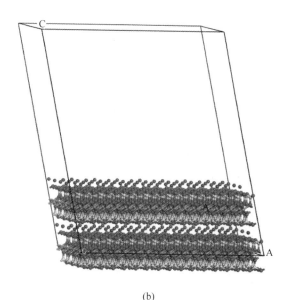

(b)

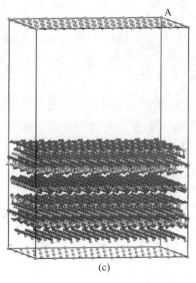

图 8-13 彩图

图 8-13　黏土矿物的超晶胞结构

（a）蒙脱石超晶胞结构；（b）伊利石超晶胞结构；（c）绿泥石超晶胞结构

　　黑色页岩中有机质主要以干酪根形式存在，借助 Materials Studio 软件的 Amorphous Cell 模块，将 I 型干酪根有机质分子与黏土矿物复合形成结构模型。Amorphous Cell 模块是一个采用蒙特卡洛方法搭建无定形模型的工具。它可用于搭建具有多种组分及不同配比的高分子共混模型、溶液模型、复合材料模型、固液/固气界面模型、孔道填充模型、向列型液晶模型等。最终建立的复合结构模型中，每个黏土矿物的超晶胞结构与 3 个干酪根分子结合，其结构如图 8-14 所示。

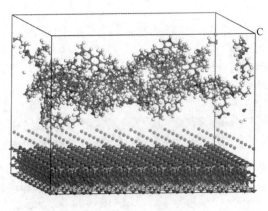

（a）

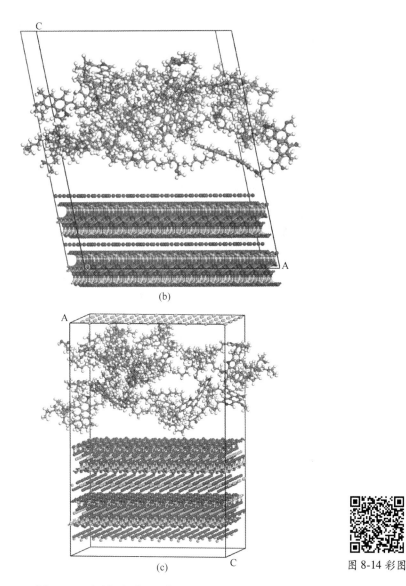

图 8-14 干酪根和黏土矿物形成的复合结构模型
（a）蒙脱石和干酪根形成的复合结构模型；（b）伊利石和干酪根形成的复合结构模型；
（c）绿泥石和干酪根形成的复合结构模型

图 8-14 彩图

8.3 黏土矿物与复合结构体系的甲烷吸附模拟研究

8.3.1 复合结构体系的优化

研究甲烷在复合结构模型的吸附迁移扩散行为之前，首先需要对复合结构模型进行结构优化，以得到复合结构的低能稳定构型。选用的分子力场为 COMPASS Ⅱ 力场，这个力场已经被成功应用到各种有机和无机材料的性质计算中。优化方法采用 Smart Minimizer 方法，能量的收敛标准为 2.0×10^{-5}。静电相互作用力的求和方法为 Ewald，范德华力相互作用的求和方法为 Atom-Based，截断距离设置为 1.85nm。优化所用软件为 Materials Studio 软件平台中的 Forcite Plus 模块。Forcite Plus 模块是一款分子力学和分子动力学模拟程序，它可以对分子、表面或三维周期性材料体系进行快速的能量计算、几何优化以及各种系统下的动力学模拟研究，可以分析材料体系的各种结构参数、热力学性质、力学性质、动力学性质以及统计学性质。主要应用于有机小分子、无机小分子、有机金属络合物、高分子聚合物、纳米及多孔材料、部分金属、金属氧化物晶体及晶体表界面结构的研究。优化后的结构用于研究甲烷的吸附。

8.3.2　模拟软件和参数

本研究采用巨正则蒙特卡洛（GCMC）方法研究甲烷在单一黏土矿物以及黏土矿物与干酪根形成的复合结构中的吸附。使用的软件为 Materials Studio 软件包中的 Sorption 模块。在模拟过程中，骨架原子被当作是所有原子都固定在晶体结构中的位置上，模拟体系采用周期性边界条件。模拟的温度为 298K，最高压力 40MPa，选择和结构优化相同的力场 COMPASS II。静电相互作用力采用 Ewald 求和方法，范德华力相互作用采用 Atom-Based 求和方法，非键截断半径设置为 1.55nm。为了使体系达到平衡，每个数据点前 0.5×10^7 步用来预吸附平衡，后 1.0×10^7 步用于平衡后吸附量的数据统计计算。

8.3.3　甲烷在黏土矿物中的吸附

图 8-15 为 3 种类型黏土矿物在温度为 298K，不同逸度下的甲烷吸附模拟结果。从图 8-15 中可以看出，3 种黏土矿物的甲烷吸附量均随着压力增大而增加。相同逸度条件下，蒙脱石中的甲烷吸附量最大，绿泥石中的甲烷吸附量最小，与前人研究结果一致[125]。该结论与前面吸附实验结果存在一定差异，实验结果为蒙脱石>>绿泥石>伊利石，模拟结果为蒙脱石>>伊利石>绿泥石。原因在于黏土矿物的种类繁多，实验和模拟不是采用的同一种矿物，而伊利石和绿泥石的比表面积又较为接近，使得它们的吸附量差别不大，不同结构吸附量大小不等。

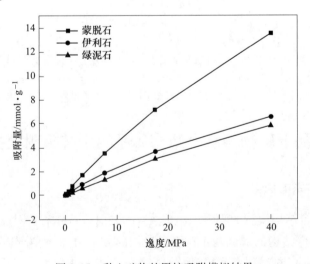

图 8-15　黏土矿物的甲烷吸附模拟结果

8.3.4　甲烷在复合结构体系中的吸附

图 8-16 为 3 种类型黏土矿物与干酪根形成的复合体系在温度为 298K、不同逸度下的甲烷吸附模拟结果。从图 8-16 中可以看出，3 种复合结构的甲烷吸附量均随着压力增大而增加。相同逸度条件下，蒙脱石复合体系中的甲烷吸附量最大，绿泥石中的甲烷吸附量最小。干酪根和黏土矿物复合体系的甲烷吸附量与黏土矿物甲烷吸附量的高低顺序相同，顺序为蒙脱石干酪根复合结构>伊利石干酪根复合结构>绿泥石干酪根复合结构。

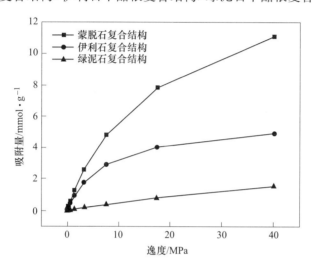

图 8-16　黏土矿物与干酪根形成的复合体系的甲烷吸附模拟结果

8.4　黏土矿物与复合结构体系的甲烷吸附性能对比分析

为了研究干酪根对黏土矿物吸附甲烷的影响，分别对黏土矿物与黏土矿物同干酪根形成的复合体系进行了甲烷吸附能力对比研究。

8.4.1　蒙脱石及蒙脱石干酪根复合结构对比研究

图 8-17 为蒙脱石与蒙脱石干酪根复合结构在不同逸度下甲烷吸附量的对比，从图中可以看出，在 22MPa 以下，干酪根的引入提高了蒙脱石的甲烷吸附量。

为了解分子在黏土矿物中的吸附机理，分子的吸附位研究是很重要的，因此分别计算了蒙脱石及其复合结构体系在 5MPa 固定压力下的甲烷吸附量，使用的是 Sorption 模块的 Fix pressure 计算功能，模拟的温度为 298K，前 0.5×10^7 步用来预吸附平衡，后 1.0×10^7 步用于平衡后吸附量的数据统计计算，结果如图 8-18 所示，为了能清楚表达结构中甲烷的吸附位置，对计算的结构均设置了 2 倍胞显示，即 c 轴方向变为原来的 2 倍。图 8-18（a）为单纯蒙脱石在 5MPa 压力下对甲烷的吸附，图 8-18（b）为蒙脱石干酪根复合结构在 5MPa 压力下对甲烷的吸附，其中为了清晰显示甲烷的吸附位置，对干酪根设置为不显示。从图 8-18 中可以看出干酪根的引入明显增加了甲烷的吸附量，这与吸附等温线的计算结果一致。引入干酪根前，甲烷主要吸附在蒙脱石底层结构中 O 原子附近，其次为表层的

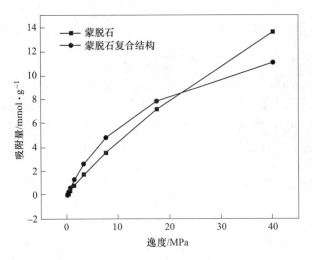

图 8-17　蒙脱石与蒙脱石干酪根复合结构甲烷吸附量的对比

Ca 离子处，引入干酪根后，甲烷更多集中于干酪根区域，具体的吸附量见表 8-4。从表 8-4 中可以看出，干酪根引入后，蒙脱石的甲烷吸附量提高了 1.8 倍。

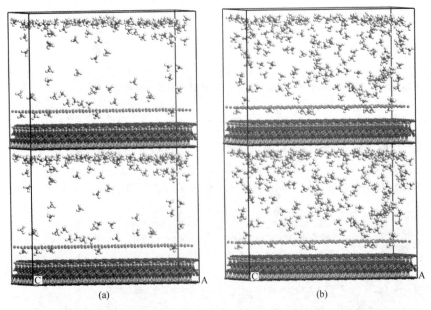

图 8-18 彩图

图 8-18　蒙脱石及蒙脱石干酪根复合结构 5MPa 下吸附甲烷的分布

表 8-4　蒙脱石及蒙脱石干酪根复合结构 5MPa 下的甲烷吸附量及等量吸附热

体　系	吸附量/个			吸附热/kcal·mol⁻¹①		
	平均	最大	最小	平均	最大	最小
蒙脱石	111.072	147	79	1.749	5.292	−4.808
蒙脱石干酪根复合结构	203.279	254	158	2.536	5.792	−4.408

① 1kcal/mol = 4.1868kJ/mol。

吸附过程产生的热为吸附热，吸附热可以准确表示吸附现象的物理或者化学本质以及吸附剂的活性，也是衡量吸附剂吸附能力强弱的重要指标之一，吸附热的大小可以衡量吸附的强弱程度，吸附热越大，吸附越强。表 8-4 对比了蒙脱石和蒙脱石干酪根复合结构对甲烷吸附产生的等量吸附热，从计算结果来看，复合结构的吸附热明显高于单一蒙脱石结构，说明复合结构对甲烷的聚集作用更强，这也解释了为什么复合结构能吸附更多的甲烷。另外无论是蒙脱石结构还是蒙脱石干酪根复合结构，最大的吸附热均小于 40kJ·mol^{-1}，这说明其对甲烷的吸附主要表现为物理吸附。

8.4.2　伊利石及伊利石干酪根复合结构对比研究

图 8-19 为伊利石与伊利石干酪根复合结构在不同逸度下甲烷吸附量的对比，从图中可以看出，在 21MPa 以下，干酪根的引入提高了伊利石的甲烷吸附量，这一现象也和蒙脱石及其复合结构所表现出的甲烷吸附计算结果一致。

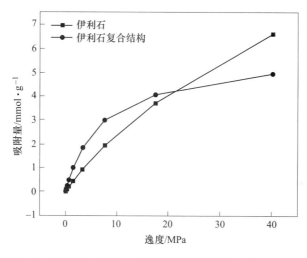

图 8-19　伊利石与伊利石干酪根复合结构甲烷吸附量的对比

为了解甲烷在黏土矿物中的吸附机理，分别计算了伊利石及其复合体系在 5MPa 固定压力下的甲烷吸附量，采用与蒙脱石相同的计算方法和参数，结果如图 8-20 所示，为了能清楚表达结构中甲烷的吸附位置，对计算的结构均设置了 2 倍胞显示。图 8-20 中（a）图为单纯伊利石在 5MPa 压力下对甲烷的吸附，（b）图为伊利石干酪根复合结构在 5MPa 压力下对甲烷的吸附，为了清晰显示甲烷的吸附位置，对干酪根设置为不显示。从图 8-20 中可以看出干酪根的引入明显增加了甲烷的吸附量，这与吸附等温线的计算结果一致。引入干酪根前，甲烷主要吸附在伊利石底层结构中 O 原子附近和表层的 K 离子处，引入干酪根后，甲烷在伊利石结构中的吸附量未减少，同时有更多的甲烷集中于干酪根区域，具体的吸附量见表 8-5。从表 8-5 中可以看出，干酪根引入后，复合结构的甲烷吸附量是单一伊利石甲烷吸附量的 2.3 倍，这一数值超过了蒙脱石结构的计算结果 1.8 倍，说明干酪根对伊利石吸附甲烷的影响超过了对蒙脱石的影响。

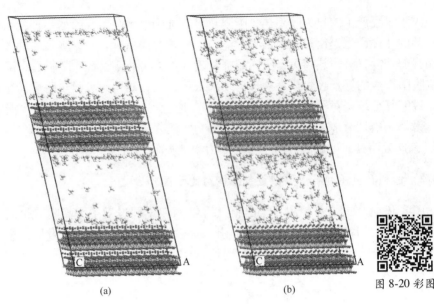

图 8-20 伊利石及伊利石干酪根复合结构 5MPa 下吸附甲烷的分布

表 8-5 伊利石及伊利石干酪根复合结构 5MPa 下的甲烷吸附量及等量吸附热

体 系	吸附量/个			吸附热/kcal·mol⁻¹①		
	平均	最大	最小	平均	最大	最小
伊利石	66.956	100	40	1.687	4.592	−3.608
伊利石干酪根复合结构	153.609	186	125	3.093	6.892	−3.408

① 1kcal/mol=4.1868kl/mol。

表 8-5 同时呈现了伊利石和伊利石干酪根复合结构对甲烷吸附产生的等量吸附热，从计算结果来看，复合结构的吸附热明显高于单一伊利石结构，吸附热的大小可以衡量吸附的强弱程度，吸附热越大，吸附越强，因此复合结构对甲烷的聚集作用更强，这也解释了为什么复合结构能吸附更多的甲烷。另外无论是伊利石结构还是伊利石干酪根复合结构，最大的吸附热均小于 40kJ/mol，这说明其对甲烷的吸附主要表现为物理吸附，与蒙脱石的吸附类型相同。

8.4.3 绿泥石及绿泥石干酪根复合结构对比研究

图 8-21 为绿泥石与绿泥石干酪根复合结构在不同逸度下甲烷吸附量的对比，从图中可以看出，干酪根的引入降低了绿泥石的甲烷吸附量，这一现象同干酪根与蒙脱石和伊利石复合结构吸附甲烷的效果相反。

为了解甲烷在黏土矿物中的吸附机理，分别计算了绿泥石及其复合体系在 5MPa 固定压力下的甲烷吸附量，仍然采用与蒙脱石相同的计算方法和参数，结果如图 8-22 所示，为了能清楚表达结构中甲烷的吸附位置，同样设置了 2 倍胞显示，即 c 轴方向变为原来的 2 倍。图 8-22 中（a）图为单纯绿泥石在 5MPa 压力下对甲烷的吸附，（b）图为绿泥石干

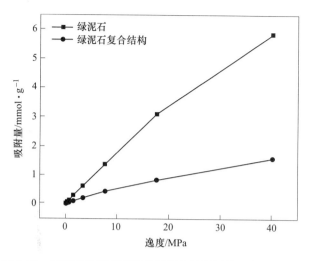

图 8-21　绿泥石及绿泥石干酪根复合结构甲烷吸附量的对比

酪根复合结构在 5MPa 压力下对甲烷的吸附，其中为了清晰显示甲烷的吸附位置，对干酪根设置为不显示。

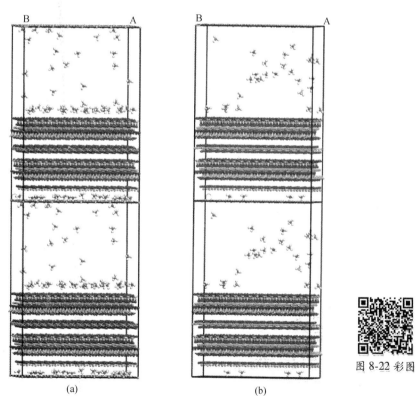

图 8-22　绿泥石及绿泥石干酪根复合结构 5MPa 下吸附甲烷的分布

　　从图 8-22 可以看出干酪根的引入明显降低了绿泥石中甲烷的吸附量，这与图 8-21 中不同逸度下的甲烷吸附结果一致。引入干酪根前，甲烷主要吸附在绿泥石表层的 O 原子附近和底层的 Mg 离子处，引入干酪根后，甲烷在绿泥石结构中 O 原子和 Mg 离子处吸附量明显减少，吸附的甲烷主要集中于干酪根区域，具体的吸附量见表 8-6。从表 8-6 中可以得出，干酪根引入后，复合结构的甲烷吸附量仅是单纯绿泥石吸附量的 1/3，为了解释这一现象产生的原因，计算了绿泥石和绿泥石干酪根复合结构对甲烷吸附产生的等量吸附热，从表 8-6 的计算结果来看，复合结构的吸附热明显低于单纯绿泥石结构，吸附热的大小可以衡量吸附的强弱程度，吸附热越大，吸附越强，因此复合结构对甲烷的聚集作用明显低于单一绿泥石结构，这也解释了为什么在绿泥石中引入干酪根反而降低了甲烷的吸附量。另外无论是绿泥石还是绿泥石干酪根复合结构，最大的吸附热均小于 40kJ/mol，这说明其对甲烷的吸附主要表现为物理吸附，与蒙脱石和伊利石的吸附类型相同。

表 8-6 绿泥石及绿泥石干酪根复合结构 5MPa 下的甲烷吸附量及等量吸附热

体 系	吸附量/个			吸附热/kcal·mol⁻¹[①]		
	平均	最大	最小	平均	最大	最小
绿泥石	63.629	95	37	1.757	5.892	−3.908
绿泥石干酪根复合结构	21.283	40	7	1.458	5.192	−5.108

① 1kcoal/mol=4.1868kl/mol。

8.5 本章小结

(1) 实验结果表明，研究区黑色页岩样品、黏土矿物及有机黏土复合体对页岩气吸附为 I 型等温吸附，吸附规律符合 Langmuir 吸附定律。黏土矿物对甲烷吸附能力次序为蒙脱石>>伊蒙混层>绿泥石>伊利石；有机黏土复合体对甲烷吸附能力大于页岩岩样。

(2) 甲烷在黏土矿物中的吸附模拟结果为蒙脱石>>伊利石>绿泥石，该结果与实验结果规律大体一致，但存在一定差异，原因在于实验和模拟并非基于同一种矿物。

(3) 甲烷在复合结构体系中的吸附模拟结果为蒙脱石干酪根复合结构>伊利石干酪根复合结构>绿泥石干酪根复合结构，与黏土矿物对甲烷的吸附具有相同规律。

(4) 对比黏土矿物与复合结构体系的甲烷吸附性能发现：蒙脱石干酪根复合结构的甲烷吸附能力大于蒙脱石，伊利石干酪根复合结构的甲烷吸附能力大于伊利石，而绿泥石干酪根复合结构的甲烷吸附能力小于绿泥石。在页岩气勘探开发中，应考虑复合结构体系的甲烷吸附特征。

9 有机质和黏土矿物对页岩气赋存的影响分析

9.1 有机质和黏土矿物对页岩气富集影响分析

页岩气的聚集主要存在两种机理：游离态天然气的聚集，页岩气的分布主要受控于页岩中较大孔隙（中孔和大孔）和裂缝空间的发育和分布；吸附态天然气的聚集，天然气的吸附在机理上与煤层气相似。

9.1.1 对吸附态页岩气聚集的影响

当天然气与页岩接触时，由于页岩基质、有机质的孔隙和微裂缝表面分子与内部分子在受力上有所差异，存在表面能，使得气体分子在页岩基质和有机质表面发生了吸附。煤对甲烷（煤层气的主要成分）的吸附属于物理吸附或以物理吸附为主，具有吸附势低、吸附速度快、可逆以及无选择性等特点。与煤相似，页岩对甲烷（页岩气的主要成分）的吸附也为物理吸附。

9.1.1.1 总有机碳含量

页岩的 TOC 含量是影响页岩吸附能力的主要因素之一。页岩中有机质是吸附态页岩气的主要储集空间，TOC 含量对吸附态页岩气含量有很大影响。美国不同产气盆地页岩、川南龙马溪组页岩、涪陵焦石坝五峰组-龙马溪组页岩及鄂尔多斯盆地延长组页岩，吸附气含量都与 TOC 含量成很好的正相关关系[126-131]。究其原因，在于有机碳含量决定了页岩的生烃能力，TOC 含量高的页岩生气潜力大，富有机质页岩提供了充足的气源；丰富的有机质使得页岩微孔隙发育，比表面积和孔体积增大，可为页岩气提供更多的储集空间（图 9-1）；有机质具有亲油性，对气态烃有较强的吸附能力。黔北地区牛蹄塘组和五峰组-龙马溪组下段黑色页岩的 TOC 含量较高，吸附态页岩气占比较高，也证实了 TOC 与吸附气含量的关系。

9.1.1.2 黏土矿物类型及含量

由于不同的黏土矿物在化学成分和晶体结构上存在较大差异，因而黏土矿物晶间和层间孔隙不同，比表面积差异很大。页岩中黏土矿物类型及含量影响着页岩比表面积的大小，进而影响页岩吸附能力。黏土矿物对甲烷的吸附实验结果表明，黏土矿物吸附气含量从大到小依次为蒙皂石、伊蒙混层、绿泥石、伊利石。

黏土矿物中除发育中大孔隙外，还发育有大量的微孔，对页岩吸附气含量具有一定影响。吉利明等[30]对黏土矿物进行扫描电镜图像分析，研究表明蒙脱石微孔隙最为发育，其次是伊蒙混层，但孔隙相对较大，绿泥石和伊利石中的纳米级孔隙极少，小于 50nm 孔隙的发育程度是黏土矿物表面积的主要决定因素。虽然页岩中存在数百纳米至数微米大小

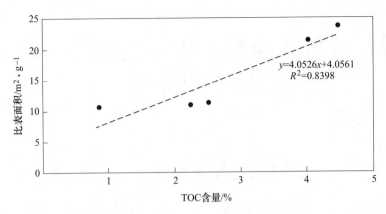

图 9-1 研究区黑色页岩 TOC 含量与比表面积关系

的黏土矿物粒间孔隙或层间缝隙，且这部分孔隙是页岩中孔隙体积和孔隙率的主要来源，但对与气体吸附有关的表面积的贡献不大。

可供页岩气吸附的比表面积主要为纳米级孔隙的比表面积，而纳米级孔隙主要分布在页岩有机质中，TOC 含量值越大，页岩中发育的纳米级孔隙就越多，页岩的比表面积就越大，吸附态页岩气含量也就越高。TOC 对比表面积的影响比黏土矿物更大。有机质具有亲烃性，因此影响吸附气含量的主要因素为页岩中有机质丰度，而黏土矿物也有一定影响[129-130]。Chalmers 和 Bustin[35] 对北美页岩进行研究发现：在页岩气储层的孔隙体系中，纳米级微孔的体积分数与甲烷吸附能力成正相关，并受 TOC 含量值大小控制。黔北地区富有机质页岩岩样黏土矿物类型及含量差别较大，但甲烷吸附量相差不大，也印证了这一结论。

9.1.1.3 黏土矿物成岩演化和有机质热演化

蒙皂石伊利石化是一个低能耗的自发反应，成岩过程中有机质生物降解产生大量的 CO_2 和有机酸，有机酸进入页岩储层将加速钾长石的溶解，促进蒙皂石向伊利石转化，同时形成溶蚀孔。蒙皂石向伊利石转化将脱出层间水，导致层间塌陷，颗粒体积减小，收缩形成大量的黏土矿物间孔隙，增加页岩孔隙度。脱出的层间水进入页岩微孔隙中，而页岩孔隙小、连通性差，流体很难排出，使得孔隙内压力增大形成异常高压。压力的增大可以增加黏土矿物的催化活性，促进有机质生烃[132]；压力增加还使得作用于岩石上的有效压力增加，对固态有机质产生一定的破碎作用，增加有机质的比表面积，增强有机质生烃作用[133]。

有机质热演化程度对有机质孔的发育及演化起控制作用。由于有机质生烃演化作用，大量发育微孔和中孔，因而有机质的消耗对储层孔隙增加有重要作用，如有机质含量为 7% 的页岩生烃演化过程中，消耗 35% 的有机碳可以使页岩孔隙度增加 4.9%[134]。当有机质的热演化程度 R_o 达到 0.7% 左右时，有机质孔隙才开始形成，此时正好对应着生油高峰的开始。在有机质热演化进程中，随着热成熟度的增加，有机质不断转化为烃类，体积缩小而形成大量的有机质孔。但是，并不是热演化程度越高，有机质孔隙就越发育。程鹏和肖贤明[42] 对黑色页岩进行热模拟实验研究显示，富有机质页岩的纳米孔隙结构与热演化程度 0.7%~3.5% 存在正相关关系，比表面积随热演化程度增高而增大；但热演化程度过高，会引起比表面积的减小。

在一定温度和压力下，页岩吸附气体能力主要取决于页岩的总有机碳 TOC 含量及页岩储层孔隙中纳米级微孔的比表面积和孔隙体积。纳米级孔隙主要发育于有机质中，黏土矿物中也生成一定量纳米级孔隙。有机质孔受控于有机碳含量及热演化程度，黏土矿物微孔取决于黏土矿物类型及含量。此外，前文已述及，蒙皂石伊利石化过程中层间水的排出会产生异常高压，促进有机质生烃而增加页岩气的吸附量。因而，吸附态页岩气含量主要影响因素为 TOC 含量、有机质热演化程度和黏土矿物成岩演化程度，黏土矿物类型及含量也有一定影响。

黔北地区牛蹄塘组 TOC 含量高，有机质为过成熟，黏土矿物为伊利石，吸附天然气能力强；五峰组-龙马溪组下段 TOC 含量高，有机质成熟度适当，黏土矿物主要为伊利石和绿泥石，还有少量的伊蒙混层，处于有序伊蒙混层形成的末期，能富集和储存大量的天然气，优于牛蹄塘组；龙马溪组上段 TOC 含量较低，气含量低。

9.1.2 对游离态页岩气聚集的影响

当页岩基质和有机质表面吸附满气体分子后，多余的气体分子就以游离态进入页岩的孔隙和裂缝中。气体具有流动性，游离气的多少取决于页岩内的自由空间。页岩中微孔为主要吸附空间；中孔为泥页岩毛细凝结和扩散的主要区域；中大孔为渗流和层流的主要区域[129]。游离气主要赋存于页岩基质孔隙、裂缝和有机质生烃形成的中孔和大孔中。

9.1.2.1 有机碳含量

对美国页岩气已投入开发的页岩、渝东南龙马溪组页岩的有机碳含量与裂缝发育程度进行研究表明，页岩有机碳含量越高，裂缝越发育，游离气量相应较高[135-136]。有机碳含量和裂缝发育特征在一定程度上存在相关性，这是由于在相同的地球动力学背景、矿物组成和力学性质条件下，有机碳含量是影响页岩裂缝发育的重要因素[126]。

由图 9-2 可见，研究区黑色页岩 TOC 含量与石英含量存在一定相关关系，说明页岩中生物成因硅含量较高。四川盆地上奥陶统五峰组和下志留统龙马溪组页岩底部富有机质页岩中部分硅质为生物成因，占总硅质的 40% ~ 60%[137]，为此提供了佐证。页岩中 TOC 含量越高，其硅质含量就越高，脆性越强，更容易生成天然裂缝。

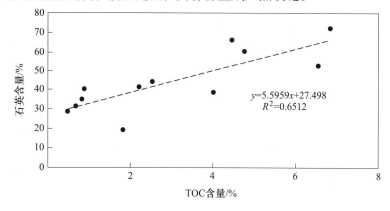

图 9-2 黑色页岩 TOC 含量与石英含量相关性图解

9.1.2.2 黏土矿物含量

页岩的脆性指数可较为直观地反映页岩的脆性。页岩脆性在很大程度上影响着裂缝发育特征，脆性越大，越易在构造应力的作用下发生脆性断裂并形成天然裂缝。我国南方海相页岩具有钙质含量偏高和黄铁矿发育的特征[138]，张晨晨等[89]根据页岩中石英、白云石和黄铁矿具有最为显著的"高杨氏模量和低泊松比"的特性，提出基于石英、白云石和黄铁矿三矿物的脆性指数计算模型。页岩中常见矿物组分的弹性参数见表9-1。牛蹄塘组黑色页岩的脆性指数为54.1%~80.0%，平均为65.7%，脆性好；五峰组-龙马溪组下段介于35.1%~69.9%，平均为43.9%，脆性较好。根据图9-3可知，页岩中黏土矿物含量与页岩脆性呈明显负相关性，黏土矿物含量越低，页岩脆性越好，越易形成天然裂缝。

表9-1 页岩中常见矿物组分的弹性参数

弹性参数	石英	白云石	黄铁矿	黏土矿物	钾长石	钠长石	方解石
杨氏模量/GPa	95.94	121	305.32	14.2	39.62	69.02	79.58
泊松比	0.07	0.24	0.15	0.3	0.32	0.35	0.31

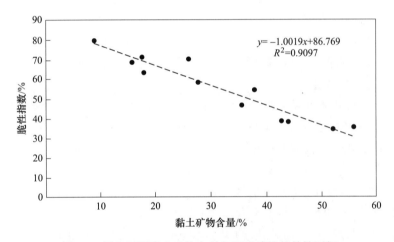

$$y = -1.0019x + 86.769$$
$$R^2 = 0.9097$$

图9-3 黑色页岩黏土矿物含量与页岩脆性相关性图解

吉利明等[30]对黏土矿物进行扫描电镜图像分析，发现伊蒙混层较为发育0.5~2μm的大孔和10~50nm的中孔，伊利石和绿泥石存在大量的粒间微米级大孔。然而，页岩中石英、黄铁矿等矿物中的大孔、中孔比黏土矿物中的大孔、中孔更发育，且有机质发育大量的中孔，使得黏土矿物对游离气的贡献不大。

9.1.2.3 黏土矿物成岩演化和有机质热演化

黏土矿物成岩演化过程中，蒙皂石向伊利石转化，将发生脱水使蒙皂石构造塌陷，从而生成微裂缝。蒙皂石伊利石化脱出层间水将在孔隙内形成异常高压，当超压值（大于静水柱压力的部分流体压力）等于基质压力的1/2或1/3时，页岩层产生裂缝，形成超压裂缝[139]。

有机质生烃演化将生成大量中孔，在生烃过程中还会产生异常压力使岩石破裂，从而形成有机质演化异常压力缝，提高页岩渗透性[140]。

有机质和黏土矿物可形成一定量的大孔和中孔，对裂缝生成具有一定贡献，即游离气含量与有机质和黏土矿物具有一定相关性。除此之外，还要考虑构造应力及构造部位、矿物成分及含量、岩性及岩石力学性质等多种因素的影响，尤其是作为页岩裂缝发育最主要控制因素的构造作用。黔北地区经历了多期次的构造运动，更需关注构造作用对裂缝的影响。

9.2 黔北页岩气储层中有机质-黏土矿物对含气性影响分析

页岩气在储层中的赋存方式包括吸附态、游离态及溶解态等，其中吸附态和游离态为最主要的赋存方式，吸附态天然气的占比甚至超过游离态天然气。前人研究表明，研究区的牛蹄塘组和五峰组-龙马溪组两个潜力储层中，吸附态天然气占比较高[141-142]。因此要形成页岩气规模化生产的突破，必须对牛蹄塘组和五峰组-龙马溪组储层内页岩气吸附态特征进行深入了解。

由本书前面章节可知，页岩气储层中有机黏土复合体与气体吸附能力相对单一的黏土矿物相比有较大不同。因而，需将黏土矿物与有机质作为一个整体来分析，正确认识有机黏土复合体的吸附特征，并比较其同储存层内其他岩性吸附特征的不同。这对准确评价储层内页岩气的资源量、储量及寻找甜点具有重要意义。

本节根据前文所列的黔北地区龙马溪组和牛蹄塘组页岩气储层吸附特性测试结果及相关储层参数，对储层内的游离气含量和吸附气含量进行了计算，研究了游离气含量和吸附气含量随有机黏土复合体和储层岩样的变化规律，以及储层压力和深度对气含量的影响。得出了黔北地区页岩储层以吸附气为主，有机黏土复合体的甲烷吸附能力较普通页岩储层大的结论。为进一步更准确地算出页岩储层内的储量、游离气和吸附气占比，以及针对性地开发生产技术提供了科学依据。

9.2.1 控制方程及参数设定

页岩储层的游离气含量 X_F 根据马略特定律计算：

$$X_F = \frac{VpT_0}{Tp_0\xi} \tag{9-1}$$

式中，V 为储层的孔隙容积，m^3/t；p 为储层压力，MPa；T_0 为标准状态下的绝对温度，K；p_0 为标准状态下压力，MPa；T 为储层温度，K；ξ 为气体可压缩系数；X_F 为标准状态下储层的游离气含量，m^3/t。

储层的孔隙容积 V 通过下式计算：

$$V = \frac{1}{\rho\phi} \tag{9-2}$$

式中，ρ 为储层岩石的密度，t/m^3；ϕ 为储层岩石的孔隙度。

页岩储层的吸附气含量 X_A 根据 Langmuir 方程计算：

$$X_A = \frac{V_L bp}{1 + bp}e^{n(T_0-T)} \tag{9-3}$$

式中 V_L 为 Langmuir 体积，m^3/t；T_0 为实验室等温吸附实验时温度，K；b 为吸附常数。

常数 n 由下式计算：

$$n = \frac{0.02}{0.993 + 0.07p} \tag{9-4}$$

储层温度 T 由下式计算：

$$T = 20 + 0.0275D - 273 \tag{9-5}$$

式中，D 为储层埋深，m。

储层压力 p 由下式计算：

$$p = 10^{-6}O.P.\rho_w gD \tag{9-6}$$

式中，$O.P.$ 为储层超压系数；ρ_w 为水的密度，取 $1000kg/m^3$；g 为重力加速度。

根据前文实验测试结果、搜集的储存参数以及控制方程，对黔北地区牛蹄塘组和五峰组-龙马溪组气含量进行了计算。计算中所用到参数如表9-2所示。

表 9-2　储层气含量计算

储层	孔隙度/%	储层岩石密度 /t·m⁻³	储层孔隙容积 /m³·t⁻¹	储层埋深 /m	储层超压系数	页岩岩样 V_L /m³·t⁻¹	页岩岩样 b/MPa⁻¹	有机黏土复合体 V_L /m³·t⁻¹	有机黏土复合体 b /MPa⁻¹
天马1井牛蹄塘组	2.27	2.72	0.008346	1300~1600	1.0、1.2、1.5	2.37851	0.89898	3.42415	1.16166
凤参1井牛蹄塘组	1.58	2.6	0.006077	2300~2600	1.0、1.2、1.5	2.41137	1.84137	4.99169	8.88101
班竹1井五峰组-龙马溪组	1.44	2.46	0.005854	900~1200	1.0、1.2、1.5	2.35808	1.49483	3.33389	0.59105

9.2.2　结果及讨论

计算结果表明（图9-4~图9-6），因有机黏土复合体的甲烷吸附能力明显较页岩岩样高，因此对储层气含量影响明显。对于采自岑巩县牛蹄塘组天马1井的样品而言，有机黏土复合体的吸附能力是页岩岩样的1.4倍；对采自凤冈县牛蹄塘组凤参1井的样品而言，有机黏土复合体的吸附能力约是页岩岩样的2.1倍；对采自正安县龙马溪组班竹1井的样品而言，有机黏土复合体的吸附能力是页岩岩样的1.4倍。有机黏土复合体和页岩岩样的吸附能力都随着储层压力和深度的降低而平缓降低。相比之下，储层压力和深度对于游离气含量的影响要更明显一些。

由于有机黏土复合体和页岩岩样吸附能力的明显不同，基于二者计算的天然气总含量也明显不同。对于采自岑巩县牛蹄塘组天马1井的样品而言，基于有机黏土复合体计算的天然气总含量是基于页岩岩样计算的天然气总含量的1.4倍；对采自凤冈县牛蹄塘组凤参1井的样品而言，基于有机黏土复合体计算的天然气总含量是基于页岩岩样计算的天然气总含量的1.7倍；对采自正安县五峰组-龙马溪组班竹1井的样品而言，基于有机黏土复合体计算的天然气总含量是基于页岩岩样计算的天然气总含量的1.3倍。

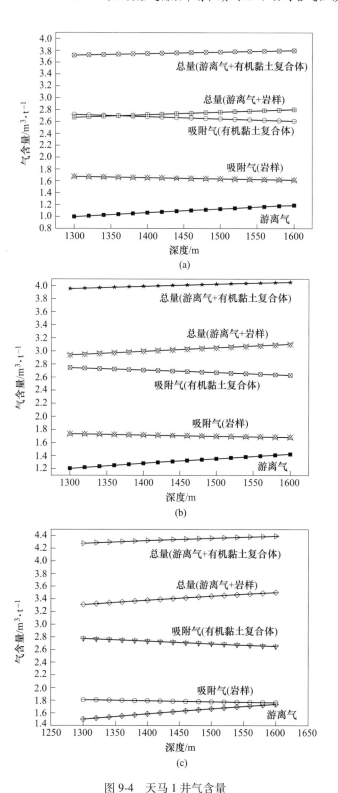

图 9-4 天马 1 井气含量

（a）常压；（b）超压系数为 1.2；（c）超压系数为 1.5

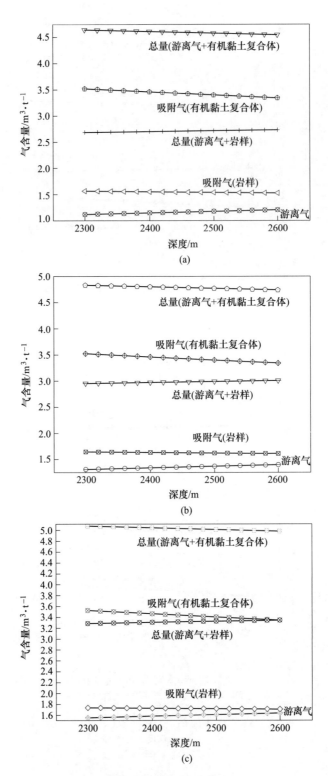

图9-5 凤参1井气含量

（a）常压；（b）超压系数为1.2；（c）超压系数为1.5

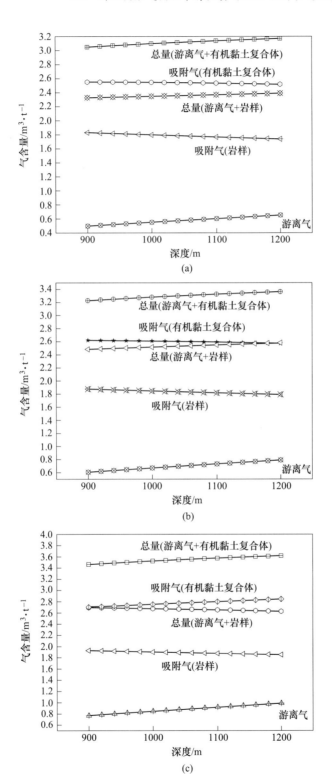

图 9-6 班竹 1 井气含量

（a）常压；（b）超压系数为 1.2；（c）超压系数为 1.5

根据计算得到页岩储层吸附气含量与游离气含量，在超压系数为 1 时，基于页岩岩样得到的天马 1 井牛蹄塘组储层吸附气占比为 58%~63%，基于有机黏土复合体的吸附气占比为 69%~73%（图 9-7）；基于页岩岩样得到的凤参 1 井牛蹄塘组储层吸附气占比为 56%~58%，基于有机黏土复合体的吸附气占比为 73%~76%（图 9-8）；基于页岩岩样得到的班竹 1 井五峰组-龙马溪组储层吸附气占比为 73%~79%，基于有机黏土复合体的吸附气占比为 79%~84%（图 9-9）。随着超压系数的增加，吸附气占比有所下降；随着深度的增加，吸附气占比会降低，游离气占比将升高，但变化幅度不大。总体来讲，黔北地区页岩气主要为吸附气，尤其是五峰组-龙马溪组储层吸附气占比已超过 70%。

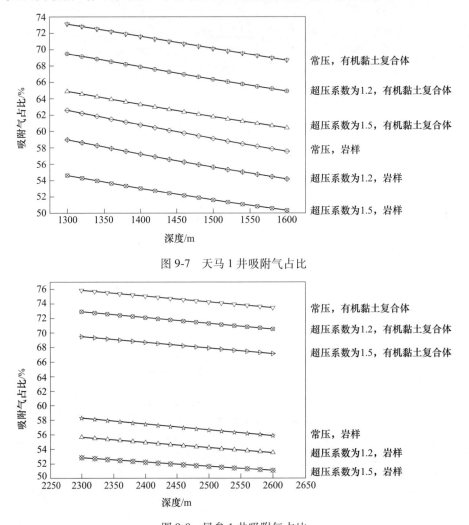

图 9-7　天马 1 井吸附气占比

图 9-8　凤参 1 井吸附气占比

有机黏土复合体在页岩储层中主要以分散的形式存在，有的区域会局部富集[73]。高压等温吸附实验结果表明有机黏土复合体吸附甲烷能力可达页岩的 1.5~2 倍，比页岩岩样大得多。因而，在有机黏土复合体局部富集区域吸附气的含量会比其他区域高得多。而黔北区域页岩气以吸附气为主，在勘探开发中应更加关注有机黏土复合体富集区，它们是页岩气开发的"甜点"。另外，针对吸附气解吸的增产技术也是以后技术开发的重点。

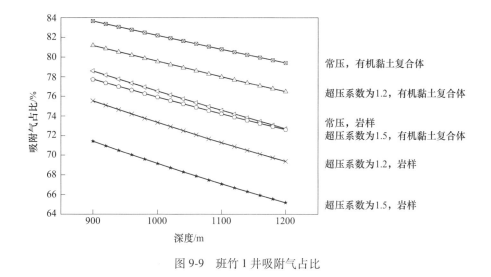

图 9-9　班竹 1 井吸附气占比

9.3　本　章　小　结

（1）黔北地区牛蹄塘组、五峰组-龙马溪组页岩孔隙包括粒间孔、晶间孔、矿物铸模孔、次生溶蚀孔、黏土矿物间孔及有机质孔等类型，黏土矿物间微孔和有机质孔是研究区页岩中发育最广泛的两种孔隙类型。研究区页岩储集空间以微孔、中孔为主，大孔所占比例相对较小。研究区有机质纳米孔发育，大量发育的微孔和中孔是由于有机质生烃演化作用而生成的。结果显示，黑色页岩 BET 比表面积顺序为五峰组>牛蹄塘组>龙马溪组；单位质量总孔体积顺序为五峰组>牛蹄塘组>龙马溪组。

（2）在一定温度和压力下，页岩吸附能力主要取决于总有机碳 TOC 含量及储层孔隙中纳米级微孔的比表面积和孔隙体积。研究区纳米级孔隙主要发育于有机质中，其受控于 TOC 含量及有机质热演化程度；黏土矿物中生成一定量纳米级孔隙，由黏土矿物类型及含量决定。由于蒙皂石伊利石化过程中，层间水的排出会产生异常高压而增加页岩气的吸附量。因而，吸附气含量主要影响因素为 TOC 含量、有机质热演化程度和黏土矿物成岩演化程度。

（3）研究区裂缝主要有构造裂缝、成岩收缩缝、层间页理及裂理缝和围绕矿物颗粒及矿物集合体细微裂缝等类型。

页岩裂缝发育最主要控制因素为构造作用，研究区经历了多期次的构造运动，更需关注构造作用对裂缝的影响。有机质和黏土矿物对页岩裂缝生成具有一定贡献，对游离气含量有一定影响。

（4）根据研究区页岩储层内有机黏土复合体的吸附特征，计算了吸附气含量与游离气含量。天马 1 井牛蹄塘组储层吸附气占比为 58%~63%，凤参 1 井牛蹄塘组储层吸附气占比为 56%~58%，班竹 1 井五峰组-龙马溪组下段储层吸附气占比为 73%~79%。黔北地区页岩气主要为吸附气，尤其是五峰组-龙马溪组下段储层中的吸附气占比已超过 70%。有机黏土复合体局部富集区吸附气的含量比其他区域高得多，在勘探开发中应更加关注有机黏土复合体富集区。

（5）黔北地区五峰组-龙马溪组下段TOC含量高，有机质成熟度适当，黏土矿物对有机质生烃催化活性强，处于富集页岩气有利时期，是页岩气勘探开发最为有利层位。需要注意的是，研究区五峰组-龙马溪组下段相对较薄，如班竹1井为20多米，而北美产气页岩核心区有效厚度均大于30m。应加大地质勘查工作力度，摸清黔北地区五峰组-龙马溪组地层规律，为勘探开发打好基础。黔北地区牛蹄塘组黑色页岩TOC含量高，有机质热演化程度高，成岩演化处于晚成岩阶段，厚度较大，具有良好的页岩气勘探前景；其页岩气中游离气占比相对较高，需关注构造对页岩气赋存影响。实际勘探工作取得结果也印证了此结论。

10 牛蹄塘组与五峰组-龙马溪组页岩气储层某些特征对比

近年来各学者对牛蹄塘组黑色页岩的产气性有一定的质疑,主要源于其产气性不理想,氮气含量较高;并有认为存在有机质成熟度及热演化程度较高等特征,影响了页岩气的存藏条件。针对页岩气储层及页岩气赋存的有关特征,开展牛蹄塘组黑色页岩与五峰组-龙马溪组的有关页岩气成藏控制因素对比分析,以期得出相关规律。

下寒武统牛蹄塘组黑色页岩系研究样品主要取自贵州黔西大方及黔东南岑巩天星等地。

本书对比研究所用下志留统五峰组-龙马溪组样品取自黔北正安地区,控制深度为100m以上,产气情况良好,龙马溪组产气量低于五峰组,为一套页岩气赋存条件较好的黑色泥质页岩系地层。

10.1 矿物成分特征

牛蹄塘组与五峰组-龙马溪组黑色页岩的矿物成分测试主要采用显微镜观察分析、XRD分析及电子探针分析等方法进行。

10.1.1 显微镜下观察分析特征

由图10-1(a)～(d)大方牛蹄塘组黑色页岩显微镜镜下特征表明,研究区黑色页岩主要矿物成分为碳酸盐矿物(方解石、白云石),成团块状、条带状及浸染状等产出。硅质矿物主要见隐晶硅质,成细微晶粒状产出。矿物含量比例为微细粒状隐晶硅质30%～45%,碳酸盐矿物30%～40%。而且含一定量硫铁矿,主要以微细晶状产出,含量约为30%～50%。有机质无定形产出。

图10-1(a)～(d)为大方牛蹄塘组黑色页岩显微镜镜下特征。黔东南岑巩黑色页岩矿物组成及形态特征见图10-1(e)～(n)。与岑巩牛蹄塘组黑色页岩主要矿物成分区别在于,大方牛蹄塘组含有一定量的长石类矿物,而岑巩牛蹄塘组黑色页岩中长石类矿物含量较少。大方牛蹄塘组硅质、石英颗粒较岑巩牛蹄塘组黑色页岩硅质、石英矿物颗粒粗大,而后者普遍粒度较细。

岑巩牛蹄塘组黑色页岩普遍见硅质、石英矿物成团簇状、分散状及微细脉状产出,其中含有微细粒状碳酸盐矿物,其硅质、石英矿物占主要成分中大部分。

两地黑色页岩中有机质含量较高,主要成团簇状、脉状及无定形状产出,见图10-1(a)～(n)。天星黑色页岩中见有机质及硅质矿物成互层脉状分布,见图10-1(k)～(n)。

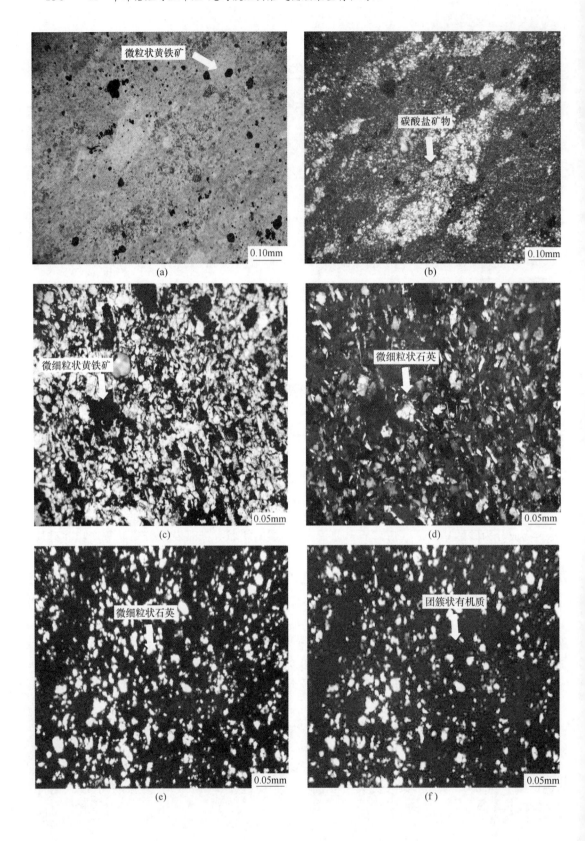

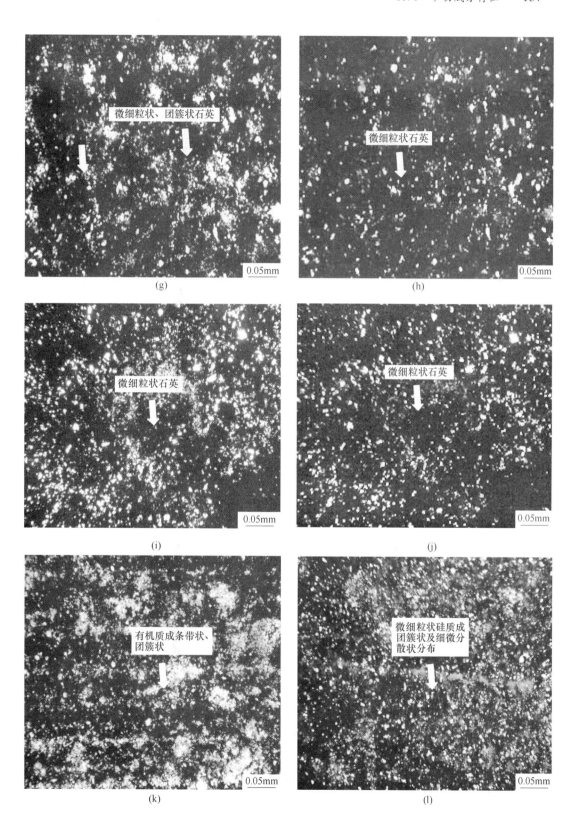

（g）

（h）

（i）

（j）

（k）

（l）

图 10-1   牛蹄塘组黑色页岩显微镜下矿物成分特征分析

(a) 大方牛蹄塘组黑色页岩 (-)，10×，见稀疏的黄铁矿分布于其中，有机质含量不高；(b) 大方牛蹄塘组黑色页岩 (+)，10×，见碳酸盐矿物（白云石、方解石）产出，硅质主要为隐晶硅质；(c) 大方牛蹄塘组黑色页岩 (-)，20×，其中见黄铁矿产出，含量较高，为 30%；(d) 大方牛蹄塘组黑色页岩 (+)，20×，脆性矿物主要为石英，含量为 30%~50%，见长石类矿物产出；(e) 岑巩天马牛蹄塘组黑色页岩 (-)，20×，见微细粒状石英产出，含量较高，约为 30%~50%；(f) 岑巩天马牛蹄塘组页岩 (+)，20×，见有机质成团簇状、条带状，见长石类矿物产出；(g) 岑巩天马牛蹄塘组黑色页岩 (-)，20×，见微晶硅质成团簇状、微粒状产出；(h) 岑巩天马牛蹄塘组黑色页岩 (+)，20×，见有机质成团簇状、条带状分布；见有少量碳酸盐矿物；(i) 岑巩天星牛蹄塘组黑色页岩 (-)，20×，其中见黄铁矿产出，含量较高，为 30%；(j) 岑巩天星牛蹄塘组黑色页岩 (+)，20×，脆性矿物主要为石英，含量为 30%~50%，见长石类矿物产出；(k) 岑巩天星牛蹄塘组黑色页岩 (-)，20×，其中见有机质成条带状、团簇状分布；(l) 岑巩天星牛蹄塘组黑色页岩 (+)，20×，微细硅质成团簇状、分散状产出；(m) 岑巩天星牛蹄塘组黑色页岩 (-)，20×，有机质及微晶硅质成条带状分布；(n) 岑巩天星牛蹄塘组黑色页岩 (+)，20×，微晶硅质条带中含有碳酸盐矿物

图 10-1 彩图

主要不透明矿物为黄铁矿，成团粒状（图 10-1 (m)）、细微粒状（图 10-1 (n)）、草莓状等分布。

大方下志留统黑色页岩矿物组成及形态特征见图 10-2 (a)~(f)。该研究区黑色页岩主要矿物成分为石英、长石、碳酸盐矿物（方解石、白云石）及有机质等。

图 10-2 (a) 中发现黄褐色碳酸盐矿物成团粒状产出；其中见浅灰色微粒硅质矿物颗粒粒度大于岑巩天马、天星黑色页岩（图 10-2 (b)），有机质成无定形分散状产出（图 10-2 (a)~(b)）。

下志留统龙马溪组黑色页岩中见含量不等的长条状长石类矿物，据 XRD 分析资料表明，主要为钠长石、绿泥石等，这也是其与岑巩下寒武统黑色页岩的最大差别（图 10-2 (a)~(d)）。脆性矿物钠长石的存在，对于页岩气赋存的影响应引起相应重视。

正交偏光下成高级白或黄褐色的碳酸盐矿物分为两期，一期成团粒状产出；另一期成微细胶状分散于微细晶硅质、石英团粒、石英脉中。

龙马溪组黑色页岩中见微量黄铁矿以分散微晶状产出，含量远低于岑巩黑色页岩。

黏土矿物以混入物形式分散于团簇状硅质石英内，也以混入物形式分散于脉状、团簇状有机质中，见图 10-2 (a)~(f)。图 10-2 (e)~(f) 中见有类似孔虫化石存在。

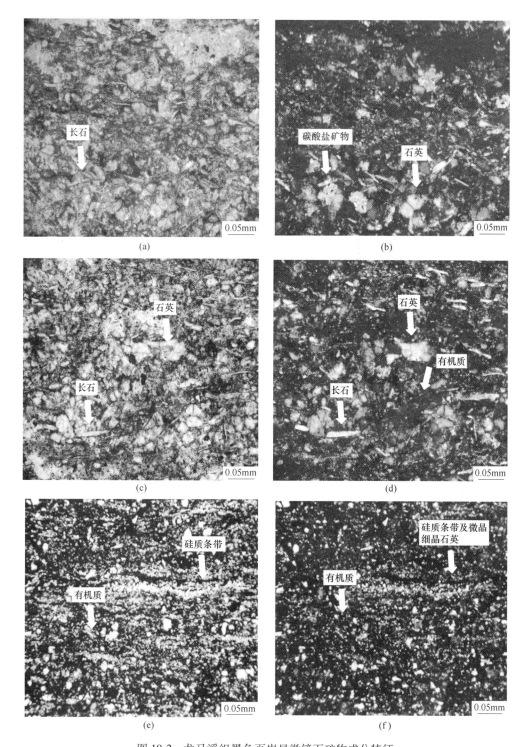

图 10-2　龙马溪组黑色页岩显微镜下矿物成分特征

（a）龙马溪组黑色页岩（-），20×，主要见石英、长石类矿物，有机质含量不高；（b）龙马溪组黑色页岩（+），20×，石英主要为微细晶颗粒状，见长石类矿物；（c）龙马溪组黑色页岩（-），10×，主要见石英、长石类矿物，有机质含量不高；（d）龙马溪组黑色页岩（+），10×，石英主要为微细晶颗粒状，见长石类矿物；（e）龙马溪组黑色页岩（-），10×，主要见微晶石英、长石类矿物，有机质含量高；（f）龙马溪组黑色页岩（+），10×，见微晶硅质成带状、微颗粒状产出

图 10-2 彩图

10.1.2　XRD 分析

选取具代表性的黑色页岩样品进行 X 射线粉晶衍射（XRD）分析，该项测试在中国石油勘探开发研究院地质实验室研究中心完成。测试结果见表 10-1、表 10-2。X 射线衍射分析结果表明大方龙马溪组黑色页岩（YL-1～YL-12）以石英、长石类（钠长石、钾长石）、碳酸盐矿物、黏土矿物和黄铁矿为主；石英含量为 19.2%～65.8%，平均含量为37.02%。其黏土矿物含量具有如下特征：YL-1 样品黏土矿物含量最高，为 56.1%，黏土矿物成分测试结果显示其主要为伊蒙混层，含量为 91%，绿泥石含量为 9%，混层比为10。其余黏土矿物含量为 26.2%～52.1%，平均含量为 40.12%，且成分主要以伊利石为主，伊利石平均含量为 70.8%，还含有 25.2% 的绿泥石，伊蒙混层含量为 5%。表明黏土矿物含量有其特色。钠长石含量为 3.4%～10.4%，平均含量为 8.2%；钾长石平均含量为1.03%。碳酸盐矿物平均含量为 4.18%，且方解石含量高于白云石。黄铁矿含量较低，除一个样为 13.7% 之外，其余含量为 1.3%～2.4%，平均含量为 2.06%。

表 10-1　龙马溪、天马、天星黑色页岩 XRD 成分分析结果表

样品编号	矿物种类和含量/%						黏土矿物总量/%
	石英	钾长石	钠长石	方解石	白云石	黄铁矿	
DF-1	30.5	—	12.9	9.7	—	6.0	40.9
DF-5	14.2	0.4	8.8	—	—	60.4	16.2
DF-6	79.3	0.3	1.2	—	—	3.9	9.7
均值	41.33		7.63		—		22.27
YL-1	19.2	0.6	8.2		2.2	13.7	56.1
YL-4	65.8	0.5	3.4	—	2.8	1.3	26.2
YL-8	35.8	1.2	10.3	6.4	—	2.4	43.9
YL-9	40.3	1.3	9.4	6.9	4.0	2.2	35.7
YL-10	32.5	1.7	10.4	6.5	3.9	2.3	42.7
YL-12	28.5	0.9	7.5	5.0	3.9	2.1	52.1
均值	37.02	1.03	8.2	6.2	3.4	4.0	42.78
Tm-2	38.6	1.8	12.7		4.3	14.7	27.9
Tm-4	72.8	1.0	5.3	4.8	2.6	4.6	8.9
Tm-6	42.0	3.9	14.9		7.3	13.8	18.1
TX-1	44.1	0.2	7.8		1.2	8.8	37.9
TX-2	59.8	1.0	10.1		2.7	8.7	17.7
TX-3	52.7	2.2	13.6	—	4.5	11.1	15.9

表 10-2　龙马溪、天马、天星黑色页岩 XRD 分析中黏土矿物特征

样品编号	黏土矿物相对含量/%							混层比 S/%	
	S	I/S	I	K	C	C/S	Py	I/S	C/S
DF-1	—	—	77	—	23	—	—	—	—
DF-5	—	—	92	—	8	—	—	—	—

样品编号	黏土矿物相对含量/%							混层比 S/%	
	S	I/S	I	K	C	C/S	Py	I/S	C/S
DF-6	—	—	98	1	1			—	—
YL-1	—	91	—	—	9	—	—	10	—
YL-4	—		75		25			—	—
YL-8	—	5	71	—	24	—	—	5	
YL-9	—	5	70		25			5	
YL-10	—	5	68	—	27	—	—	5	
YL-12	—	5	70		25			5	
Tm-2	—	—	99	1	—			—	—
Tm-4			100						
Tm-6			100						
TX-1			100						
TX-2			100						
TX-3			100						

注：S 为蒙皂石类，I/S 为伊蒙混层，I 为伊利石，K 为高岭石，C 为绿泥石，C/S 为绿蒙混层，Py 为陂屡石。

大方牛蹄塘组黑色页岩 X 射线衍射分析结果表明，该研究区黑色页岩主要矿物成分为石英、黏土矿物、钠长石及黄铁矿。石英含量为14.2%~79.3%，平均含量为41.33%。黏土矿物含量分布不均，平均含量为22.27%；其成分主要为伊利石，伊利石平均含量为89.0%；一个样含23.0%绿泥石。钠长石含量高于钾长石，其平均含量为7.6%。1 个样黄铁矿含量为60.4%，其余平均含量为5.0%。

黔东南岑巩下寒武统黑色页岩中石英含量最多，为38.6%~72.8%，平均含量为51.67%。其次为黏土矿物，含量为8.9%~37.9%，平均含量为21.07%。黏土矿物以伊利石为主，伊利石含量近100%。1 个样品含极少量（1.0%）高岭石。钠长石含量为5.3%~14.9%，平均含量为10.73%；钠长石含量大于钾长石。黄铁矿含量为4.6%~14.7%，平均含量为10.12%。碳酸盐矿物含量分布于1.2%~4.5%，平均含量为3.77%。

综上所述，可以得出龙马溪组黑色页岩矿物成分主要以富含黏土矿物为特征，且黏土矿物以伊利石、绿泥石为主，并含一定量伊蒙混层，表明其演化程度低于牛蹄塘组黑色页岩。而牛蹄塘组黑色页岩黏土矿物主要以伊利石为主，表明演化程度较高；石英含量总量较牛蹄塘组黑色页岩含量低；钠长石含量与牛蹄塘组黑色页岩相近，但钾长石含量较高。黄铁矿含量总体低于牛蹄塘组黑色页岩，平均含量为2.06%。

10.1.3 电子探针测试分析特征

采用电子探针分析（EPMA）技术对牛蹄塘组黑色页岩及龙马溪组黑色页岩矿物组成进行对比分析。测试采用日本岛津公司产 EPMA-1720H 型电子探针，测试工作在成都理工大学地球科学学院完成。

黑色页岩电子探针分析结果见表10-3、表10-4，两表中矿物主要化学成分表现为含硅质、石英矿物及伊利石矿物。其中测点化学成分表明含有钠长石、钾长石化学成分，Na_2O、K_2O 有一致特征，即龙马溪组高于牛蹄塘组。观其岩石的微观相貌特征，明显见龙马溪组黑色页岩中钠长石、钾长石成条带状产出，YL-12@ 1#1 号测点矿物成分表明钾长石矿物也成颗粒状产出。岩石的微观相貌特征表明龙马溪组黑色页岩微观裂隙发育，有机质分布在形貌上无定形，矿物粒度、微观裂隙明显高于牛蹄塘组（图10-3）。

表 10-3 龙马溪组黑色页岩、大方牛蹄塘组黑色页岩电子探针测试数据

编号	样品测点编号	化学成分/%											
		Na_2O	K_2O	TiO_2	Al_2O_3	SiO_2	Cr_2O_3	MgO	CaO	FeO	MnO	NiO	总计
1	YL-01@ 1#1	0.02	0	0.01	0.06	92.8	0.02	0.02	0.02	0.05	0.04	0	93.03
2	YL-01@ 1#2	0.49	14.8	0.04	19.5	62.39	0.01	0.02	0	0	0	0	97.25
3	YL-01@ 1#3	0.67	14.8	0	19.4	62.14	0.01	0	0.02	0.07	0.01	0	97.15
4	YL-01@ 1#4	0.08	0.08	0	0.14	0.388	0	19.1	33	0.24	0.03	0	53.05
5	YL-01@ 1#5	0.05	0.06	0.1	0.18	0.511	0.05	18.1	32.1	3.58	0.43	0	55.19
6	YL-01@ 1#6	0.04	0.07	0	0.27	0.667	0	22.7	34.7	0.25	0	0	58.63
7	YL-12@ 1#1	0.64	13.9	0	19.6	61.24	0	0	0.01	0.15	0.02	0	95.54
8	YL-12@ 1#2	0.45	14.5	0.04	19.6	61.38	0.04	0.01	0.02	0.09	0	0	96.17
9	YL-12@ 1#3	10.1	0.13	0.03	23.7	62.33	0.01	0	3.1	0.14	0.01	0.05	99.59
10	YL-12@ 1#4	0.02	0	0.03	0	97.49	0	0	0	0	0	0	97.93
11	YL-12@ 1#5	0.68	13.9	0.03	19.4	60.79	0	0.01	0.03	0.14	0.04	0.03	95.04
12	YL-12@ 1#6	0.11	0.09	0	0.03	0.147	0	18.9	30.1	0.08	0	0	49.42
13	YL-12@ 1#7	0.42	14.7	0.02	19.2	61.45	0.02	0	0.1	0.13	0	0.02	96.12
14	YL-12@ 1#8	0.1	5.7	0.22	23	53.04	0.53	2.91	0.86	2.71	0	0.03	89.13
15	YL-12@ 1#9	0.51	14	0.01	19.9	61.29	0.12	0.22	0.02	0.37	0	0	96.46
16	YL-12@ 1#10	0.4	13.6	0.04	19.3	58.82	1.77	0.17	0.05	0.27	0	0	94.4
17	YL-12@ 1#11	0.06	5.24	0.16	21.7	62.49	0.13	2.31	0.14	2.67	0	0	94.9
18	YL-12@ 1#12	2.63	2.52	0.18	17.4	63.56	4.05	0.51	0.21	0.39	0	0.03	91.42
19	DF-6@ 1#1	0.09	0.01	0	0.05	86.97	0.19	0	5.91	0	0.01	0	93.25
20	DF-6@ 1#2	0.06	0.02	0	0.05	78.17	1.1	0.01	6.15	0.05	0.03	0.01	85.67
21	DF-6@ 1#3	0.01	0.02	0.05	0.25	95.94	0	0	0	0.01	0	0	96.27
22	DF-6@ 1#4	0.01	0.01	0.03	0.55	95.2	0.5	0.01	0.11	0.04	0	0.07	96.52
23	DF-6@ 1#5	0.04	0.31	0.04	1.15	87.73	0.11	0.16	0.07	0.05	0	0.02	89.67
24	DF-6@ 1#6	0.03	1.42	0.14	3.92	89.22	0.44	0.69	0.1	0.12	0	0	96.06

注：测试单位为澳实分析检测（广州）有限公司。

表 10-4　天马、天星黑色页岩电子探针测试数据

编号	样品测点编号	化学成分/%											
		Na_2O	K_2O	Cr_2O_3	Al_2O_3	CaO	MnO	MgO	SiO_2	FeO	NiO	TiO_2	总计
1	Tm-2#1	0.023	0.004	0.051	0.686	0.003	0.07	0.02	87.923	0.159	0.067	0.018	89.02
2	Tm-2#2	0.026	0.018	0.046	0.074	0	0	0.004	91.944	0.099	0	0.01	92.22
3	Tm-2#3	4.056	2.206	1.601	12.78	0.12	0.029	0.31	58.787	3.069	0.051	0.126	83.14
4	Tm-2#4	0.145	7.368	2.424	20.54	0.04	0.075	1.876	52.868	3.724	0.004	0.129	89.19
5	Tm-2#5	0.323	4.473	1.122	17.46	0.09	0.067	1.374	60.133	0.982	0	0.158	86.18
6	Tm-2#6	1.452	5.214	1.35	18.51	0.12	0.032	0.657	56.177	0.659	0.024	0.109	84.31
7	Tm-2#7	4.688	0.993	0.613	12.61	0.07	0	0.274	53.635	7.736	0.033	9.676	90.33
8	Tm-4#1	0.47	15.06	1.473	18.38	0.07	0.02	0.029	58.318	0.065	0.013	0.01	93.90
9	Tm-4#2	1.184	9.397	0.237	33.15	0.03	0	1.146	45.145	4.304	0.022	0.347	94.96
10	Tm-4#3	0.149	0	0.857	0.6	0.13	0.006	0	85.132	0.041	0	0	86.91
11	Tm-4#4	0.199	4.101	1.479	15.33	0.19	0	0.77	60.143	0.372	0	0.093	82.67
12	Tm-4#5	10.90	0.144	3.196	18.69	0.35	0.056	0.02	62.49	0.236	0	0.016	96.10
13	TX-2#1	0	0.01	0.132	0	0.01	0	0	91.498	0.107	0.047	0.037	91.84
14	TX-2#2	0.012	0.008	0.222	0.02	0.03	0	0.009	91.684	0.083	0	0	92.07
15	TX-2#3	0.005	0.005	1.941	0.05	0.12	0	0.003	90.124	0.069	0.048	0.075	92.44
16	TX-2#4	0.618	7.42	0.077	26.57	0.11	0	0.812	51.664	2.367	0	0.473	90.11
17	TX-2#5	0.045	0	1.092	0.25	0.08	0.031	0.015	89.841	0.049	0	0	91.40
18	TX-2#6	0.238	0.022	0.273	0.45	0.09	0	0	86.474	0.129	0.003	0	87.69

注：测试单位为澳实分析检测（广州）有限公司。

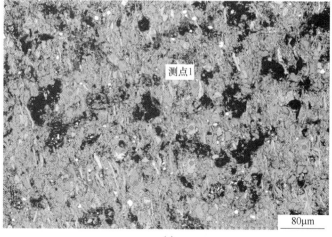

(a)

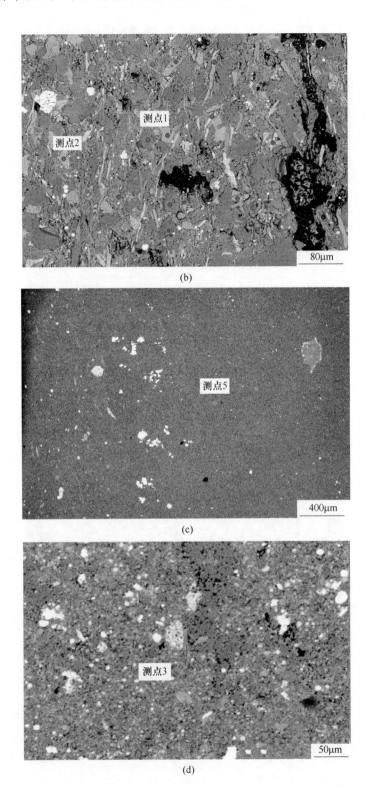

(b)

(c)

(d)

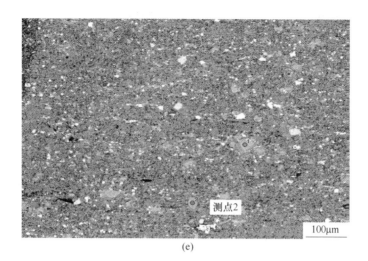

图 10-3　龙马溪组、牛蹄塘组黑色页岩扫描电镜图像
（a）YL-01@1#；（b）YL-12@1#；（c）DF-6@1#1；（d）Tm-2#；（e）Tm-4#

牛蹄塘组黑色页岩总体在相貌特征上反映出岩石较为致密，微孔裂隙、长石类矿物含量明显低于龙马溪组黑色页岩。对于页岩气的赋存条件，龙马溪组黑色页岩明显优于牛蹄塘组黑色页岩。

10.2　化学组分特征

针对龙马溪组黑色页岩和牛蹄塘组黑色页岩化学组分，进行各特征值对比，以了解两者在化学组分方面的差异。

10.2.1　常量元素组分特征

两组黑色页岩不同化学组分常量元素组成方面，其主要特征如下：

（1）牛蹄塘组黑色页岩测试样品常量元素分析结果如表 10-5 所示。从表 10-5 中可知，黑色页岩常量元素以 SiO_2 为主，含量变化范围在 28.6%~80.07%，平均含量为 65.9%；其次为 Al_2O_3、Fe_2O_3、K_2O，含量分别为 2.89%~15.20%（平均含量 8.03%）、2.13%~6.42%（一个样不参加计算、平均含量 4.16%）及 2.51%~5.32%（平均含量 2.02%）；其余 Na_2O、MgO 和 CaO 含量较低。为 0.67%~1.94%（平均含量 1.27%）、0.45%~2.97%（平均含量 1.02%）和 0.56%~2.73%（平均含量 1.77%）。其他化学组分含量则相对较低。

（2）龙马溪组黑色页岩测试样品常量元素分析结果如表 10-5 所示。黑色页岩常量元素以 SiO_2 为主，含量变化范围在 52.20%~73.92%，平均含量为 60.79%。其次为 Al_2O_3、Fe_2O_3 和 K_2O，含量分别为 8.83%~19.80%（平均含量 14.58%）、2.11%~7.95%（平均含量 4.98%）和 2.51%~5.32%（平均含量 3.90%）。CaO、MgO 平均含量为 2.80%、2.27%，其余化学组分含量则相对较低。

对比以上结果，可以得出黑色页岩样品基本遵循高硅、高 Al_2O_3 及高钾低钠的基本特征。其具体细微特征为龙马溪组硅质含量低于牛蹄塘组，Al_2O_3 含量高于牛蹄塘组，K_2O 含量高于牛蹄塘组，CaO、MgO 含量明显高于牛蹄塘组。K_2O、CaO、MgO 等组分的含量高，预示着钾长石、碳酸盐矿物含量较高，其对微裂隙发育及对页岩气赋存的影响，有待于进一步研究。

表 10-5 龙马溪组及牛蹄塘组黑色页岩常量组分

样品号	化学成分/%									
	SiO_2	Al_2O_3	K_2O	Na_2O	TiO_2	P_2O_5	Fe_2O_3	CaO	MgO	MnO
Tm-1	60.15	15.20	3.20	1.91	0.60	0.12	6.42	1.08	1.38	0.05
Tm-2	61.82	12.68	2.74	1.92	0.51	0.16	5.83	1.16	1.18	0.03
Tm-3	75.49	6.16	1.42	0.73	0.27	0.14	3.26	1.56	0.69	0.02
Tm-4	74.87	4.79	1.10	0.69	0.26	0.19	2.50	2.73	0.58	0.02
Tm-5	77.64	5.05	1.20	0.67	0.24	0.12	2.13	0.99	0.45	0.01
Tm-6	64.34	11.77	2.79	1.94	0.67	0.16	5.52	0.87	0.66	0.02
Tm-7	71.12	9.15	2.19	1.28	0.45	0.12	3.24	0.99	0.68	0.02
TX-1	69.47	11.47	2.44	1.22	0.48	0.32	5.03	0.80	0.85	0.01
TX-2	70.79	7.94	1.76	1.20	0.34	0.20	3.75	1.60	0.77	0.02
TX-3	68.43	8.77	2.10	1.77	0.46	0.22	4.59	1.30	0.86	0.02
DF-1	53.97	14.51	3.14	1.59	0.67	0.23	5.53	4.79	2.97	0.07
DF-5	28.6	7.02	1.57	—	0.46	0.13	34.0	0.56	0.63	0.01
DF-6	80.07	2.89	0.62	0.24	0.44	1.80	2.15	4.52	1.52	0.02
均值	65.9	8.03	2.02	1.27	0.45		4.16	1.77	1.02	
YL-01	52.20	19.80	5.32		1.04	0.14	7.95	0.70	2.14	0.04
YL-04	73.92	8.83	2.51	0.53	0.41	0.07	2.11	0.81	1.31	0.02
YL-08	61.30	14.46	3.81	1.39	0.69	0.12	4.61	3.50	2.33	0.04
YL-09	62.33	13.84	3.62	1.45	0.69	0.11	4.40	3.36	2.25	0.04
YL-10	57.49	14.01	3.67	1.29	0.69	0.11	5.18	5.18	2.70	0.06
YL-12	57.51	16.52	4.45	1.01	0.70	0.10	5.61	3.24	2.88	0.04
均值	60.79	14.58	3.90	0.95	0.70		4.98	2.80	2.27	

注：测试单位为澳实分析检测（广州）有限公司。

10.2.2 微量元素组成特征

研究区黑色页岩微量元素分析结果见表 3-14。从表 3-14 中可得出微量元素都存在一定的富集。Ba、Cr、Ga、Th、U、W、V 明显富集。其中牛蹄塘组黑色页岩中 Ba、V、U、W 的富集最为明显。

Sr/Ba 值可以用来判识海相、陆相沉积，一般认为海相沉积岩中的 Sr/Ba 值大于 1.0，而淡水沉积环境中 Sr/Ba 值小于 1。本书相关研究的 Sr/Ba 值（均值）为 0.03~0.45，与理论判识存在明显差异。前人研究成果[48]表明，当存在海底热水流体活动参与沉积过程时，V、Cu 等元素往往发生大量富集，同时会造成 Ba 含量异常高。但需进一步研究。

　　牛蹄塘组中 U/Th 均值为 5.56，龙马溪组中 U/Th 均值为 0.35，U/Th 值能反映地球化学沉积环境，且海相地层 U/Th 值一般大于 0.2[49]。本研究区内的 U/Th 值最低为 035～5.56，是典型的海相还原环境。

　　Wingnall 给出了沉积环境 $w(V)/w(Ni+V)$ 的标志值[49]，$w(V)/w(Ni+V)$ 为 1～0.83 时为静海环境，0.83～0.57 时为缺氧环境，0.57～0.46 为氧化环境，小于 0.46 为更氧化环境，说明地层中 $w(V)/w(Ni+V)$ 是判断氧化还原环境的一个地球化学指标。本书研究的牛蹄塘组黑色页岩样品中 $w(V)/w(Ni+V)$ 均值为 0.86，显示为静海缺氧环境，有利于黑色页岩的生成。龙马溪组的 $w(V)/w(Ni+V)$ 均值为 0.79，也显示为静海缺氧沉积环境。

　　研究样品差异之处为牛蹄塘组黑色页岩 Ba 元素富集，其浓集系数为 3.4；而龙马溪组黑色页岩 Ba 元素发生亏损，浓集系数为 0.8。前人研究资料表明，Ba 元素沉积应较 Sr 元素近岸沉积富集。龙马溪组黑色页岩发生 Ba 元素亏损，离岸较远的 Sr 元素仍应发生富集，但 Sr 元素仍然亏损，表明龙马溪组黑色页岩沉积过程中有海底热液加入干扰，导致微量元素 Ba、Sr 含量分布不符合上述规律。

10.2.3　稀土元素组成特征

　　研究区黑色页岩稀土元素分析结果及特征值参数见表 3-15。

　　其稀土元素总量 ΣREE 为 $93.04×10^{-6}$～$249.61×10^{-6}$。天马、天星牛蹄塘组、大方牛蹄塘组、大方龙马溪组黑色页岩中稀土元素总量均值分别为 $147.09×10^{-6}$、$145.77×10^{-6}$、$166.46×10^{-6}$、$237.22×10^{-6}$，总均值为 $174.14×10^{-6}$，稀土元素总量略偏低。黑色页岩的 ΣREE 的变化范围相对集中，其均值变化范围介于 $145.77×10^{-6}$～$237.22×10^{-6}$，对比大陆上地壳（UCC）稀土元素平均含量 $146.4×10^{-6}$，显然变化不大，其总平均含量仅为 UCC 的 1.2 倍，显示仅有微弱的相对富集。但明显稍低于北美页岩稀土元素总量 $200.21×10^{-6}$[6]，显示了黑色页岩稀土元素演化的一致性。

　　黔东岑巩天马、天星稀土元素总量为 $147.09×10^{-6}$、$145.77×10^{-6}$，与大陆上地壳（UCC）稀土元素平均含量 $146.4×10^{-6}$ 接近，但远低于北美页岩稀土元素总量 $200.21×10^{-6}$，显示其具上地壳特征。黄平—三穗一带黑色页岩的稀土元素总量为 $133.16×10^{-6}$，也明显低于 UCC 平均含量[7]。

　　黔西大方牛蹄塘组、龙马溪组黑色页岩的 ΣREE 为 $166.46×10^{-6}$、$237.22×10^{-6}$，分别高于大陆上地壳（UCC）稀土元素平均含量及北美页岩稀土元素总量，显示稀土元素具富集特征。

　　稀土元素北美页岩标准化分布模式图中曲线分布较为平坦，同时总体体现幅度不大的向右倾斜及呈现帽状形状，反映出源自上地壳的稀土元素具有轻稀土富集、重稀土含量稳定及正常海相沉积的特征。

　　La/Ce 值（表 3-15）可以反映其沉积环境及流体来源，即当海相沉积物中的 La/Ce<1 时，可认为其沉积过程受到热水作用的影响[8]。从表 3-15 中可知，天马、天星、大方牛蹄塘组黑色页岩和龙马溪组黑色页岩的 La/Ce 值变化范围很小，均值分别为 0.62、0.65、0.62、0.54；研究区内整体 La/Ce 均值为 0.60。研究区内两个区块的黑色页岩 La/Ce 值变化范围较为集中，也反映了黑色页岩中稀土元素的演化特征与黑色页岩中稀土元素的整体

演化具有一致性关联。La 元素是稀土元素中最稳定的元素之一。Ce 元素在还原条件下比较稳定，而在强氧化条件下，Ce^{3+} 易氧化成 Ce^{4+}，导致明显的负异常出现。本书研究的两个不同区域、不同时代黑色页岩的 La/Ce 值比较集中，表明 Ce 元素较为稳定，进一步证明了黑色页岩形成环境主要为较强的还原环境。

两个地区 δCe 均值相差不大，具有负异常特征。δCe 均值分别为天马 0.86、天星 0.88、龙马溪 0.97 和大方 0.86，样品的 δCe 值范围在 0.67~1，δCe 值均小于 1，表明研究区黑色页岩具有较低的 Ce 负异常特征，黑色页岩主要形成于还原的海水沉积环境，形成过程主要受陆源碎屑输入影响[9]。

δEu 分布范围在 0.60~1.04，但各研究区黑色页岩的 δEu 均值分布于 0.64~0.97，具有负异常特征，源自上地壳的稀土元素具有轻稀土富集、重稀土含量稳定和明显负 Eu 异常等特征[10,49]。综上分析，研究区黑色页岩形成于大陆边缘区，物质来源受陆源、幔源及深部来源控制。

10.3　有机地球化学参数特征

对牛蹄塘组黑色页岩及龙马溪组黑色页岩进行了有机地球化学参数对比，力争找出其间差异。

10.3.1　黑色页岩有机质丰度

牛蹄塘组黑色页岩及龙马溪组黑色页岩的有机质丰度值见表 10-6。C、H 元素含量见表10-7。

表 10-6　有机地球化学特征参数

样品号	TOC 含量/%	S_0/mg·g^{-1}	S_1/mg·g^{-1}	S_2/mg·g^{-1}	T_{max}/℃	氯仿沥青 A/%	生烃潜量 (S_1+S_2)/mg·g^{-1}
Tm-1	1.73	0.0008	0.008	0.001	564.2		0.009
Tm-2	4.04	0.0007	0.0071	0.001	564.2	0.0158	0.0081
Tm-3	6.43	0.0008	0.0746	0.2021	564.2		0.3513
Tm-4	6.85	0.0008	0.0129	0.1333	564.2		0.1462
Tm-6	2.25	0.0002	0.0086	0.0011	564.2		0.0097
Tm-7	3.5	0.0012	0.0072	0.001	564.2		0.0082
平均值	3.54						0.0887
TX-1	1.88	0.0003	0.0053	0.0007	564.2		0.0060
TX-2	4.45	0.001	0.0152	0.0937	564.2	0.0156	0.1089
TX-3	4.03	0.0015	0.0131	0.0176	564.2		0.0307
平均值	3.45						0.0485
DF-1	3.16	0.0007	0.0009	0.0732	371.3		0.0741
DF-5	3.12	0.0011	0.0010	0.0008	566.0		0.0018
DF-6	0.29	0.0013	0.0011	0.0356	566.0		0.0367
平均值	2.19						0.0375
YL-01	1.82	0.0006	0.0011	0.1954	566.0		0.1965

样品号	TOC 含量/%	S_0/mg·g^{-1}	S_1/mg·g^{-1}	S_2mg·g^{-1}	T_{max}/℃	氯仿沥青 A/%	生烃潜量 (S_1+S_2)/mg·g^{-1}
YL-04	4.47	0.0010	0.0059	0.2898	566.0		0.2957
YL-08	0.85	0.0009	0.0009	0.0413	566.0		0.0422
YL-09	0.88	0.0008	0.0008	0.0596	566.0		0.0604
YL-10	0.68	0.0010	0.0007	0.0160	566.0		0.0167
YL-12	0.47	0.0010	0.0011	0.0010	566.0		0.0021
平均值	1.53						0.1023

表 10-7 黑色页岩 C、H 元素分析

样品号	TOC 含量/%	C_{ad}/%	N_{ad}/%	H_{ad}/%
YL-04	—	4.27	—	0.35
YL-08	—	5.37	—	0.64
YL-09	—	8.60	—	0.15
YL-10	—	2.61	—	0.36
YL-12	—	3.16	—	0.38
YL-01	—	6.66	—	0.17
DF-1	—	10.27	—	0.01
DF-5	—	12.05	—	0.03
DF-6	—	10.67	—	0.02

天马、天星牛蹄塘组黑色页岩有机碳含量分布于 1.73%~6.85%，平均含量为 3.91%；大方牛蹄塘组黑色页岩有机碳分布不均，含量为 0.29%~3.16%，平均含量为 2.19%；龙马溪组黑色页岩有机碳含量为 0.47%~4.47%，平均含量为 1.53%。表明牛蹄塘组黑色页岩有机碳含量高于龙马溪组。实际资料表明，有机质含量高虽是页岩气产生及赋存的有利条件，但其热演化程度（成熟度的高低）往往是关键条件之一。

10.3.2 有机质类型

岑巩样品干酪根类型测试，在贵州省煤田地质测试分析中心完成。测试结果表明本书主要研究区内有机质均属深成阶段末期腐泥型，主要类型属Ⅰ型。天马、天星的有机碳含量平均值达到 3.91%，氯仿沥青"A"平均值为 0.0157%，上述数据表明，研究区黑色页岩除有机碳含量达到较好生油岩标准外，其余均未达标。

龙马溪组黑色页岩所测样品有机质组分经历了强烈的热演化作用，颜色为黑色或深黑色，显微组分在透射光下无法区分，但就其原始有机质类型而言，古生界高成熟、过成熟海相烃源岩的有机质类型基本为Ⅱ型，见表 10-8、图 10-4 和图 10-5。

表 10-8 龙马溪反射率鉴定结果

测试样品	R'_{bran}	R'_{omax}	标准差 S	R_{omin}	R_{omax}	测点数	干酪根类型
YL-02	2.23	2.37	0.082	2.12	2.35	7	Ⅱ₁
YL-11	2.41	2.57	0.100	2.26	2.63	28	Ⅱ₂

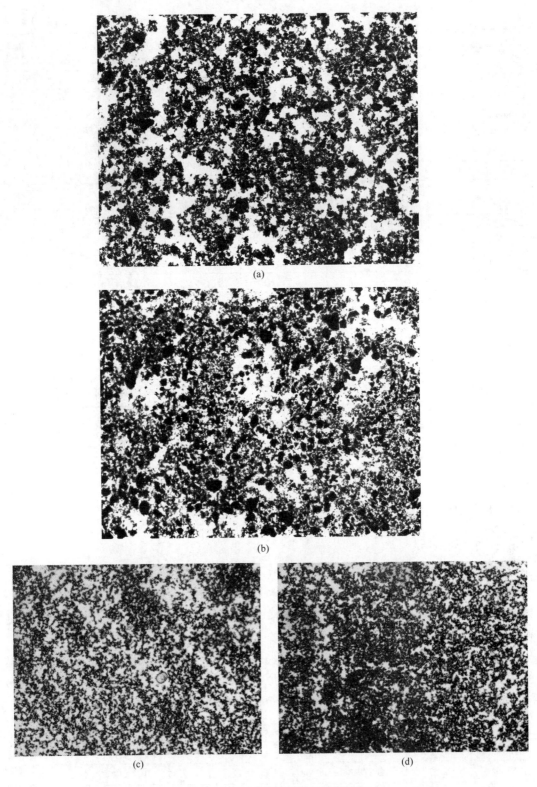

图 10-4 龙马溪黑色页岩干酪根镜检图

(a) YL-02;(b) YL-01;(c)(d) Tm-4

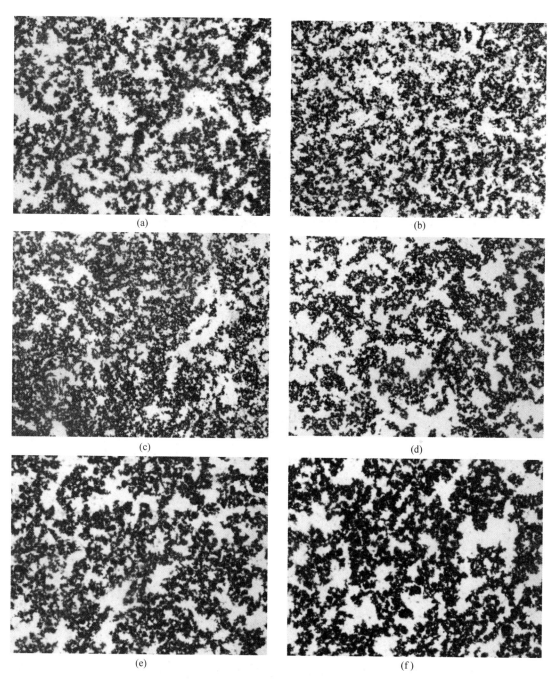

图 10-5 牛蹄塘黑色页岩干酪根镜检图

(a)(b) Tm-6;(c)(d) FGD-3;(e)(f) FGD-4

研究资料表明北美页岩气以 I 型干酪根和 II 型干酪根为主,也有部分 III 型;无论是 I 型、II 型干酪根还是 III 型干酪根,在热演化程度较高时,都可以生成大量天然气,因此有机质的成熟度是油气生成的关键。

10.3.3 有机质成熟度特征

镜质体反射率（R_o）是表征生油岩成熟度的一个重要指标。岑巩天马黑色页岩镜质体反射率 R_o 值为 2.61%~2.91%，平均值为 2.76%；龙马溪组黑色页岩的镜质体反射率 R_o 值为 2.35%~2.63%，平均值为 2.49%。二者差异不大。其 T_{max} 都高于 490℃（表10-6），表明干酪根已经处于过成熟阶段，属于干气阶段。

一般地，当 R_o 大于 1.0% 时更易于生气，在 1.0%~2.0% 是为生气窗，当 R_o 大于 1.3% 时则生成干气；R_o 小于 0.5% 为未成熟阶段，在 0.4%~0.6% 时可生成生物成因气。根据统计，美国五大产气页岩的热成熟度从 0.4%~0.6%（临界值）到 0.6%~2.0%（成熟）。干酪根类型和成熟度关系：Ⅰ型干酪根主要处于生气期，R_o 为 1.2%~2.3%，Ⅱ型干酪根 R_o 为 1.1%~2.6%，Ⅲ型干酪根 R_o 为 0.7%~2.0%。本研究区一些地区的黑色页岩有可能成为气源岩。

龙马溪组黑色页岩有机质丰度较高，但总体生烃潜量较小，生烃潜量为 0.0021~0.2957mg/g，平均生烃潜量值为 0.1023mg/g。

牛蹄塘组黑色页岩总体生烃潜量值较龙马溪组低。天马为 0.0082~0.3513mg/g，平均 0.0887mg/g；天星为 0.0060~0.1089mg/g，平均 0.0485mg/g；大方为 0.0018~0.0741mg/g，平均 0.0375mg/g。综上分析可见，牛蹄塘组黑色页岩平均生烃潜量值远低于龙马溪组黑色页岩。

10.4　孔隙特征分析

利用液氮吸附测量黑色页岩孔隙特征，龙马溪组平均孔直径较牛蹄塘组黑色页岩大，两个样平均孔直径均值为 5.6383nm；牛蹄塘组三个样品平均孔直径均值为 4.2046nm。显示龙马溪组黑色页岩平均孔直径大于牛蹄塘组黑色页岩。

压汞实验表明，大方牛蹄塘组黑色页岩平均孔直径为 23.5nm，孔隙率为 1.3508；而龙马溪组黑色页岩平均孔直径为 22.20nm，孔隙率为 1.4402。实验数据表明，牛蹄塘组黑色页岩和龙马溪组黑色页岩孔隙直径大致相当，但龙马溪组黑色页岩孔隙率却大于牛蹄塘组黑色页岩。

10.5　页岩气赋存指标特征对比分析

龙马溪组页岩具有良好的含气性，解析气含量普遍大于 $3.0m^3/t$，最高大于 $6.0m^3/t$，且作为生气层的同时，也是聚集和保存气的储层和盖层，具有良好的页岩气资源前景。

五峰组：1115m 以下含气 2.0~2.5m^3/t，甲烷含量在 80~90%。

龙马溪：1115~1080m 以下含气 0.5m^3/t，甲烷、烃类含量在 50% 左右。

岑巩天星 TX 井位于构造稳定部位，距断裂较远，钻井施工顺利，牛蹄塘组黑色页岩现场解析气含量为 1.1~2.88m^3/t。Tm-1 井位于走滑断裂带，高角度断层、裂缝非常发育，钻至浅层即出现气测异常显示，现场解析气含量仅为 0.1~0.4m^3/t。

10.6 本 章 小 结

（1）牛蹄塘组黑色页岩在相貌特征上总体反映出岩石较为致密，微孔裂隙、长石类矿物含量明显低于龙马溪组黑色页岩。就页岩气的赋存条件而言，明显龙马溪组黑色页岩优于牛蹄塘组黑色页岩。

（2）对比研究的黑色页岩样品基本遵循高硅、高 Al_2O_3 及高钾低钠的基本特征。具体细微特征为龙马溪组黑色页岩硅质含量低于牛蹄塘组，Al_2O_3 含量高于牛蹄塘组，K_2O 含量高于牛蹄塘组，CaO、MgO 含量明显高于牛蹄塘组。K_2O、CaO、MgO 等组分的含量高，预示着钾长石、碳酸盐矿物的含量较高，对微孔裂隙发育及页岩气赋存有一定的影响。

（3）天马、天星牛蹄塘组黑色页岩有机碳含量分布于 1.73%～6.85%，平均含量为 3.91%；大方牛蹄塘组黑色页岩有机碳分布不均，含量为 0.29%～3.16%，平均含量为 2.19%；有机质主要类型属干酪根 I 型；龙马溪组黑色页岩有机碳含量为 0.47%～4.47%，平均含量为 1.53%，有机质主要类型属干酪根 II 型。岑巩天马黑色页岩镜质体反射率 R_o 值为 2.61%～2.91%，平均值为 2.76%；龙马溪组黑色页岩的镜质体反射率 R_o 值为 2.35%～2.63%，平均值为 2.49%。两者差异不大。其 T_{max} 都高于 490℃，表明干酪根已经处于过成熟阶段，属于干气阶段。

（4）从平均孔直径来看，黔北地区牛蹄塘组黑色页岩平均孔直径为 5.0265nm，龙马溪组黑色页岩平均孔直径为 5.6383nm，显示龙马溪组黑色页岩平均孔直径大于牛蹄塘组黑色页岩平均孔直径。二者均低于北美 Barnett 页岩和 Marcellus 页岩平均孔直径（各为 4.0nm 和 3.9nm）[85]。

龙马溪组黑色页岩的 0.2～50nm 孔隙分布大致为 71.6%，稍大于为 67.0% 的牛蹄塘组黑色页岩 0.2～50nm 孔隙分布，这也应是其页岩气赋存较好于牛蹄塘组的影响因素之一。

（5）对比龙马溪组黑色页岩及牛蹄塘组黑色页岩的储层各特征值，除有机碳（TOC）含量较高于龙马溪组外，其余条件龙马溪组储层皆优于牛蹄塘组黑色页岩储层，综合因素最终影响着页岩气的赋存。

11 主要结论与建议

11.1 主 要 结 论

11.1.1 黑色页岩储层物质组成特征

（1）岩石光薄片鉴定、X 射线衍射分析、扫描电镜配合能谱分析以及电子探针分析结果均表明，研究区黑色页岩主要含石英和黏土矿物，次要矿物见黄铁矿、钾长石、钠长石、白云石及方解石等。石英含量均值为 45.23%。黏土矿物平均含量为 34.87%，研究区黏土矿物主要为伊利石，同时含部分伊蒙混层、高岭石、绿泥石等。扫描电镜下观察发现有机质充填于黄铁矿和黏土矿物裂隙中。

（2）研究结果表明研究区黑色页岩化学成分以 SiO_2 为主，含量在 54.32%~74.87%，其次为 Al_2O_3、Fe_2O_3 和 K_2O，含量分别为 4.79%~18.07%（平均含量 13.69%）、1.66%~9.55%（平均含量 4.42%）和 1.10%~5.58%（平均含量 3.77%）。剩余化学组分 MgO、TiO_2、CaO、BaO、Na_2O、P_2O_5 等的含量相对较低。

（3）研究区黑色页岩 As、Mo、Pb、W 等元素含量富集最为明显。As 的富集倍数最高，为 443 倍，Mo 为 33 倍。Ba、Cu、Zn 元素也存在一定富集，倍数分别为 14.3 倍、2.8 倍、2.6 倍。靠近底部多金属层，金属元素较为丰富，Mo、Pb、Co 等含量较高。同时黑色页岩形成过程中受到热水沉积作用的影响。研究区 V/Cr、Ni/Co、V/Ni 与 V/（V+ Ni）值表明黑色页岩多形成于缺氧沉积环境，毕节织金地区黑色页岩可能形成于缺—富氧过渡环境中。

（4）黑色页岩稀土元素特征分析发现 Ce 与 Eu 均具有负异常特征，表明研究区黑色页岩形成于大陆边缘区还原的沉积环境，物质来源主体可能是陆源碎屑。$\sum$LREE/$\sum$HREE 值、$(La/Sm)_N$ 值、$(La/Yb)_N$ 值及球粒陨石化标准曲线均表明黑色页岩中稀土元素属轻稀土富集、重稀土相对亏损型。

11.1.2 研究区黑色页岩有机质特征

（1）研究区下寒武统牛蹄塘组黑色页岩镜质体反射率 R_o 为 2.47%~2.91%，平均值为 2.628%，有机质热解最高峰温 T_{max} 均为 564.2℃，表明黑色页岩中有机质演化处于高成熟、过成熟阶段，此时干酪根的生烃潜力非常低，页岩气的生成量较少。

（2）结果显示研究区黑色页岩有机质丰度较高，原始有机碳含量在 3.024%~8.22%，平均值为 5.63%。研究区及其邻区有机碳含量在 5.0%~6.5%。有机质丰度较高。生烃潜量在 0.0046~0.1462mg/g，平均值为 0.0537mg/g，生烃潜量较小。这可能与黑色页岩的生、排烃效率较低有关，且有机质性质存在偏差导致有机质丰度随热演化程度的增加而升高。总体而言，研究区黑色页岩生烃潜力较小。

（3）岩石热解发现有机质热演化程度较高，无法用岩石热解法进行有机质类型划分，通过干酪根显微组分分析及扫描电镜下有机质观察发现，主要为藻质体与无定形有机质，结合前人研究结果，认定研究区干酪根以 I 型为主。

（4）各项特征研究表明研究区黑色页岩有机质丰度较高，但生烃潜量小，有机质以 I 型为主，有机质热演化程度较高，处于干气阶段，仅剩余的少量干酪根生成甲烷等轻质气体。

11.1.3 页岩气储层微观孔隙结构特征

大方牛蹄塘组黑色页岩平均孔直径为 23.5nm，孔隙率为 1.3508%；而龙马溪组黑色页岩平均孔直径为 22.20nm，孔隙率为 1.4402%。实验数据资料表明，牛蹄塘组黑色页岩和龙马溪组黑色页岩孔隙直径大致相当，但龙马溪组黑色页岩孔隙率大于牛蹄塘组黑色页岩。

龙马溪组黑色页岩的单位质量平均总孔体积（0.0139cm³/g）大于牛蹄塘组黑色页岩的单位质量平均总孔体积（0.0106cm³/g）。龙马溪组黑色页岩的 0.2~50nm 孔隙分布大致为 71.6%，稍大于为 67.0% 的牛蹄塘组黑色页岩 0.2~50nm 孔隙分布，这也应是其页岩气赋存较好于牛蹄塘组的影响因素之一。

11.1.4 "有机质-黏土矿物"集合体形貌、孔隙、裂隙及微孔裂隙类型发育分布特征

对研究区部分黑色页岩样品经制样后采用氩弧离子抛光（仪器型号 SC1000）后，使用场发射扫描电镜 ∑IGMA 进行观察分析。

"有机质-黏土矿物"集合体主要形貌表现为黏土矿物中孔隙发育，其中充填有机质，构成"有机质-黏土矿物"集合体。还见草莓状黄铁矿，被黏土矿物及有机质充填，周围有矿物收缩裂缝及少量矿物质孔，构成"有机质-黏土矿物-黄铁矿"集合体。还见有机质中存在矿物及矿物集合体，构成"有机质-矿物"集合体。

"有机质-黏土矿物"集合体等中的孔隙主要分为以下几类：

（1）黏土矿物中存在晶间孔和溶蚀孔，孔隙多为大孔和介孔，中充填有机质其间见介孔。

（2）黏土矿物及其他矿物边缘微裂隙及微孔。

（3）有机质部分孔隙较发育，以介孔为主；再者黑色页岩中有机质较多，孔隙发育，有机质孔隙直径在 20nm 左右，多属于介孔。

（4）矿物质孔及晶间孔隙，孔径 100~200nm，可见有机质；样品中见矿物周边存在矿物收缩裂缝及矿物质孔。

（5）草莓状黄铁矿等矿物集合体中粒间孔，能被有机质充填。

"有机质-黏土矿物"集合体及有机质中发育的各类孔隙、裂缝，为页岩气赋存空间。

11.1.5 "有机质-无机矿物"集合体特征及与金属元素、有机质富集

研究表明，黑色页岩中见有机质、含有机质矿物及胶体矿物以"有机质-矿物"集合体形式产出；遵义黑色页岩中见"有机质-胶镍钼矿"集合体产出，能谱成分测试有机碳

含量为 36.80%，Mo 含量为 27.58%，Ni 含量为 2.19%。物相分析结果表明胶镍钼矿与有机质混合存在，故可表述为"有机质-胶镍钼矿"集合体；凤冈黑色页岩中见"有机质-Pt"集合体产出，扫描电镜配合能谱分析表明 Pt 含量为 4.90%；天马黑色页岩中主要见"有机质-胶状氧化钼矿"及"有机质-胶状含硅氧化钼矿"集合体产出；天星黑色页岩则产出"有机质-胶状氧化钼矿"及"有机质-碳硅钼矿"集合体。"有机质-无机矿物"集合体对有机质富集、页岩气赋存有一定的控制作用。

11.1.6　"有机质-黏土矿物"集合体特征及对页岩气赋存特征

由实验结果可知，在 30℃条件下，黔北下寒武统黑色页岩中"有机质-黏土矿物"集合体的甲烷吸附量最大为 $3.42751303cm^3/g$，而黑色页岩的甲烷吸附量最大为 $2.21826574cm^3/g$，反映出有机黏土复合体具有很好的甲烷吸附能力。从前面分析已知黔北下寒武统黑色页岩中黏土矿物主要为伊利石，纯伊利石在 35℃时的甲烷吸附量最大为 $1.0892cm^3/g$，对比可知，"有机质-黏土矿物"集合体比纯黏土矿物具有更强的甲烷吸附能力，这一特性将影响黑色页岩中页岩气的赋存及富集。

11.1.7　有机质演化与矿产资源富集

（1）研究区黑色页岩中 As、Mo、Pb 等元素富集较为明显。对有机碳和部分金属元素进行相关性研究发现，Mo、V、Ni 元素含量与有机碳含量具有线性相关性，Mo、V、Ni 元素含量随有机碳含量增加而增加。As、Cr、Pb 元素含量与有机碳含量相关性较小。

（2）毕节织金黑色页岩下段近底部的多金属层含有 Mo、V、Ni、Ag、U 等多金属元素，其中 Ni、Mo 达到工业利用品位，具较高开采价值。近多金属层，Pb、V、Mo 元素有一定程度富集。扫描电镜下观察发现钼铅矿呈细条带状产出，与"有机质-矿物"集合体、"有机质-黏土矿物"集合体的产出密切相关。

（3）黑色页岩中见有机质、含有机质矿物及胶体矿物以"有机质-矿物"集合体产出；遵义黑色页岩中见"有机质-胶镍钼矿"集合体产出，能谱成分测试有机碳含量为 36.80%，Mo 含量为 27.58%，Ni 含量为 2.19%。物相分析结果表明为胶镍钼矿。FG（凤冈）黑色页岩中见"有机质-Pt 元素"集合体产出，Pt 元素含量为 4.90%；Tm（天马）黑色页岩中主要见"有机质-胶状氧化钼矿"及"有机质-胶状含硅氧化钼矿"集合体产出；TX（天星）黑色页岩则产出"有机质-胶状氧化钼矿"集合体及"有机质-碳硅钼矿"。

（4）毕节织金黑色页岩底部与磷矿层接触带产出磷铀矿，主要成胶状产出，与有机质的富集密切相关。胶状磷铀矿的价值还需要进一步开展工作证实。该接触带为黑色页岩底部磷矿层开采时的顶板，磷矿开采过程中，应对其顶板的放射性影响开展评价。

（5）黏土矿物与有机质存在密不可分的关系。黏土矿物对有机质的保存起重要作用，在有机质的转化与生烃过程中也扮演着重要角色。有机质为蒙皂石伊利石化反应提供较好的还原环境和酸性环境，且有机质利于蒙皂石伊利石化过程中二氧化硅的迁移。研究区黑色页岩黏土矿物以伊利石为主，K_2O 含量约为 5.09%，因此研究区黑色页岩属含钾页岩，具有钾资源综合利用价值，可提取其中的钾制备含钾复合肥等。

11.2　后续工作计划

（1）继续完成页岩气赋存相关有机地球化学及有机岩石矿物学等方面分析测试、相关资料解析及研究。

（2）继续进行页岩储层微观结构、裂隙及微裂隙、孔隙及微空隙的分析研究，同时围绕相关科研指标进行补偿完善。

（3）分析、总结研究区页岩中含有机质黏土、黏土特征、"有机-无机矿物集合体"及"有机-无机黏土矿物"集合体（复合体）对页岩气赋存控制因素，得到相关有价值规律。

参 考 文 献

[1] 蒲心纯，周浩达，王熙林，等．中国南方寒武纪岩相古地理与成矿作用［M］．北京：地质出版社，1993．

[2] 贵州省地质矿产局．贵州省区域地质志［M］．北京：地质出版社，1987．

[3] 李鹏．岑巩页岩气区块牛蹄塘组成藏地质条件及主控因素分析［C］//第三届全国特殊气藏开发技术研讨会优秀论文集．2014：9．

[4] 宋照亮，彭渤，刘丛强．黑色页岩风化过程中元素的活动性及参照系的选取初探——以湖南省麻田、桃花江剖面为例［J］．地质科技情报，2004（3）：25-29．

[5] 钱宝，刘凌，肖潇．土壤有机质测定方法对比分析［J］．河海大学学报（自然科学版），2011，39（1）：34-38．

[6] 陈德潜，陈刚．实用稀土元素地球化学［M］．北京：冶金工业出版社，1996：135-206．

[7] 侯东壮，吴湘滨，刘江龙，等．黔东南州下寒武统黑色页岩稀土元素地球化学特征［J］．中国有色金属学报，2012，22（2）：546-552．

[8] HOGDAHL O T, MELSON S, BOWEN V T. Eutron activation analysis of lanthanide elements inseawater［J］. Advances in Chemistry, 1968, 73：308-325.

[9] 杨兴莲，朱茂炎，赵元龙，等．黔东震旦系—下寒武统黑色岩系稀土元素地球化学特征［J］．地质论评，2008，54（1）：3-14．

[10] 蔡观强，郭峰，刘显太，等．沾化凹陷新近系沉积岩地球化学特征及其物源指示意义［J］．地质科技情报，2007，26（6）：17-24．

[11] 闰高原，朱炎铭，王阳，等．贵州凤冈区牛蹄塘组页岩气成藏条件分析［J］．特种油气藏，2014，21（6）：75-78．

[12] 蒲泊伶，包书景，王毅，等．页岩气成藏条件分析——以美国页岩气盆地为例［J］．石油地质与工程，2008，22（3）：33-39．

[13] 陈远荣，贾国相，戴塔根．论有机质与金属成矿和勘查［J］．中国地质，2002，29（3）：257-262．

[14] 胡明安．地质热事件—有机质—金属成矿作用的联系［J］．地质科技情报，1997，2：68-73．

[15] 周泽．贵州凤冈二区块下寒武统牛蹄塘组页岩气成藏特征研究［D］．徐州：中国矿业大学，2015．

[16] 陈南生，杨秀珍．我国南方下寒武统黑色岩系及其中的层状矿床［J］．矿床地质，1982，1（2）：39-51．

[17] 毛景文，张光第，杜安道，等．遵义黄家湾镍、钼、铂族元素矿床地质、地球化学和 Re-Os 同位素年龄测定——兼论华南寒武系底部黑色页岩多金属成矿作用［J］．地质学报，2001，75（2）：234-243．

[18] 陈尚斌，朱炎铭，王红岩，等．川南龙马溪组页岩气储层纳米孔隙结构特征及其成藏意义［J］．煤炭学报，2012，37（3）：438-444．

[19] 耳闯，赵靖舟，白玉彬，等．鄂尔多斯盆地三叠系延长组富有机质泥页岩储层特征［J］．石油与天然气地质，2013，34（5）：708-716．

[20] 吴建国，刘大锰，姚艳斌．鄂尔多斯盆地渭北地区页岩纳米孔隙发育特征及其控制因素［J］．石油与天然气地质，2014，35（4）：542-550．

[21] 梁兴，张廷山，杨洋，等．滇黔北地区筇竹寺组高演化页岩气储层微观孔隙特征及其控制因素［J］．天然气工业，2014，34（2）：18-26．

[22] 周德华，焦方正，郭旭升，等．川东南涪陵地区下侏罗统页岩油气地质特征［J］．石油与天然气地

质，2013，34（4）：450-454.

［23］刘伟，余谦，闫剑飞，等. 上扬子地区志留系龙马溪组富有机质泥岩储层特征［J］. 石油与天然气地质，2012，33（3）：346-352.

［24］ZHANG Q，ZHU X M，STEEL R J，et al. Variation and mechanisms of clastic reservoir quality in the Paleogene Shahejie Formation of the Dongying Sag，Bohai Bay Basin，China［J］. Petroleum Science，2014，11（2）：200-210.

［25］SLATT R M，O'BRIEN N R. Pore types in the Barnett and Woodford gas shales：Contribution to understanding gas storage and migration pathways in fine-grained rocks［J］. AAPG Bulletin，2011，95（12）：2017-2030.

［26］何建华，丁文龙，付景龙，等. 页岩微观孔隙成因类型研究［J］. 岩性油气藏，2014，26（5）：30-35.

［27］张琴，刘畅，梅啸寒，等. 页岩气储层微观储集空间研究现状及展望［J］. 石油与天然气地质，2015，36（4）：666-674.

［28］魏祥峰，刘若冰，张廷山，等. 页岩气储层微观孔隙结构特征及发育控制因素——以川南—黔北XX地区龙马溪组为例［J］. 天然气地球科学，2013，24（5）：1048-1059.

［29］肖渊甫. 岩石学简明教程［M］. 北京：地质出版社，2014.

［30］吉利明，邱军利，夏燕青，等. 常见黏土矿物电镜扫描微孔隙特征与甲烷吸附性［J］. 石油学报，2012，33（12）：249-256.

［31］罗小平，吴飘，赵建红，等. 富有机质泥页岩有机质孔隙研究进展［J］. 成都理工大学学报（地球科学版），2015，42（1）：50-59.

［32］赵佩，李贤庆，田兴旺，等. 川南地区龙马溪组页岩气储层微孔隙结构特征［J］. 天然气地球科学，2014，25（6）：947-956.

［33］LOUCKS R G，REED R M，RUPPEL S C，et al. Morphology，genesis，and distribution of nanometer-scale pores in siliceous mudstones of the Mississippian Barnett Shsle［J］. Journal of Sedimentary Research，2009，79（12）：848-861.

［34］马勇，钟宁宁，程礼军，等. 渝东南两套富有机质页岩的孔隙结构特征——来自FIB-SEM的新启示［J］. 石油实验地质，2015，37（1）：109-116.

［35］CHALMERS G R L，BUSTIN R M. Lower Cretaceous gas shales in northeastern British Columbia，Part Ⅰ：geological controls on methane sorption capacity［J］. Bulletin of Canadian Petroleum Geology，2008，56（1）：1-21.

［36］杨峰，宁正福，孔德涛，等. 页岩甲烷吸附等温线拟合模型对比分析［J］. 煤炭科学技术，2013，41（11）：86-89.

［37］郭旭升，李宇平，刘若冰，等. 四川盆地焦石坝地区龙马溪组页岩微观孔隙结构特征及其控制因素［J］. 天然气工业，2014，34（6）：9-16.

［38］包书景，翟刚毅，唐显春，等. 页岩矿物岩石学［M］. 上海：华东理工大学出版社，2016.

［39］罗超，刘树根，孙玮，等. 上扬子区下寒武统牛蹄塘组页岩气基本特征研究：以贵州丹寨南皋剖面为例［J］. 天然气地球科学，2014，25（3）：453-470.

［40］JARVIE D M，HILL R J，RUBLE T E，et al. Unconventional shale-gas systems：The Miss-issippian Barnett Shale of north-central Texas as one model for thermogenic shale-gas assessment［J］. AAPG Bulletion，2007，91（4）：457-499.

［41］赵俊斌，唐书恒，张松航，等. 湘西北牛蹄塘组页岩孔隙特征及影响因素分析［J］. 煤炭科学技

术，2014（S1）：261-265.

［42］程鹏，肖贤明. 很高成熟度富有机质页岩的含气性问题［J］. 煤炭学报，2013，38（5）：737-741.

［43］李贤庆，王哲，郭曼，等. 黔北地区下古生界页岩气储层孔隙结构特征［J］. 中国矿业大学学报，2016，45（6）：1172-1183.

［44］王濡岳，龚大建，冷济高，等. 黔北地区下寒武统牛蹄塘组页岩储层发育特征：以岑巩区块为例［J］. 地学前缘，2017，24（6）：286-299.

［45］李娟，于炳松，张金川，等. 黔北地区下寒武统黑色页岩储层特征及其影响因素［J］. 石油与天然气地质，2012，33（3）：364-374.

［46］ALCACIO T A，HESTERBERG D，CHOU J W. Molecular scale char. Acteristics of Cu（Ⅱ）bonding in goethite-humate complexes［J］. Geochimica et Cosmochimica Acta，2001，65（9）：1355-1366.

［47］李爱民，冉炜，代静玉. 天然有机质与矿物间的吸附及其环境效应的研究进展［J］. 岩石矿物学杂志，2005，24（6）：671-680.

［48］GRIM R E. Clay mineralogy［M］. New York：McGraw-Hill Book Company，1968.

［49］WILSON M J. A handbook of determinative methods in clay mineralogy［M］. New York：Chapman & Hall，1987.

［50］郑水林. 非金属矿物材料［M］. 北京：化学工业出版社，2007.

［51］杨雅秀，张乃娴，苏昭冰，等. 中国粘土矿物［M］. 北京：地质出版社，1994.

［52］THENG B K G. The chemistry of clay-organic reactions［M］. New York：John Wiley & Sons，1974.

［53］熊毅. 土壤胶体：第一册［M］. 北京：科学出版社，1983.

［54］何宏平. 粘土矿物与金属离子作用研究［M］. 北京：石油工业出版社，2001.

［55］VELDE B. Clay minerals：A physico-chemical explanation of their occurrence［M］. Amsterdam：Elsevier，1985.

［56］李学垣. 土壤化学［M］. 北京：高等教育出版社，2001.

［57］BOURDELLE F，CATHELINEAU M. Low-temperature chlorite geothermometry：a graphical representation based on a $T-R^{2+}-Si$ diagram［J］. European Journal of Mineralogy，2015，27（5）：617-626.

［58］OGORODOVA L P，MEL'CHAKOVA L V，VIGASINA M F，et al. Thermochemical study of Mg-Fe chlorites［J］. Geochemistry International，2017，55（3）：257-262.

［59］STUMM W，MORGAN J J. Aquatic chemistry［M］. New York：John Wiley & Sons，1981.

［60］赵杏媛，何东博. 黏土矿物与油气勘探开发［M］. 北京：石油工业出版社，2016.

［61］须藤俊男. 粘土矿物学［M］. 严寿鹤，刘万，贾克实，译. 北京：地质出版社，1981.

［62］PASSEY Q R，BOHACS K M，ESCH W L，et al. From oil-prone source rock to gas-producing shale reservoir-geologic and petrophysical characterization of unconventional shale gas reservoirs［C］// Richardson. Proceedings of International Oil and Gas Conference and Exhibition in China. 2010.

［63］陈宗淇，王光信，徐桂英. 胶体与界面化学［M］. 北京：高等教育出版社，2001.

［64］王行信. 蒙脱石的成岩演变与石油的初次运移［J］. 沉积学报，1985，3（1）：81-91.

［65］关平，徐永昌，刘文汇. 烃源岩有机质的不同赋存状态及定量估算［J］. 科学通报，1998，43（14）：1556-1559.

［66］蔡进功. 泥质沉积物和泥岩中有机黏土复合体［M］. 北京：科学出版社，2004.

［67］蔡进功，曾翔，韦海伦，等. 从水体到沉积物：探寻有机质的沉积过程及其意义［J］. 古地理学报，2019，21（1）：49-66.

［68］MORTLAND M M. Clay-organic complexes and interactions［J］. Advances in Agronomy，1970，22：

75-117.

［69］熊毅．土壤胶体：第二册［M］．北京：科学出版社，1985.

［70］王行信，周书欣．有机粘土化学在油气生成研究中的意义［J］．地质地球化学，1991（5）：3-8.

［71］MANJAIAH K M, KUMAR S, SACHDEV M S, et al. Study of clay-organic complexes［J］. Currnt Science, 2010, 98（7）：915-921.

［72］蔡进功，包于进，杨守业，等．泥质沉积物和泥岩中有机质的赋存形式与富集机制［J］．中国科学：D辑，2007，37（2）：234-243.

［73］张永刚，蔡进功，许卫平，等．泥质烃源岩中有机质富集机制［M］．北京：石油工业出版社，2007.

［74］HADASA. Interactions of soil minerals with natural organics and microbes［J］. Soil and Tillage Research, 1986（50）：59-76.

［75］王行信，王国力，蔡进功，等．有机粘土复合体与油气生成［M］．北京：石油工业出版社，2006.

［76］于培松，薛斌，潘建明，等．长江口和东海海域沉积物粒径对有机质分布的影响［J］．海洋学研究，2011，29（3）：202-208.

［77］熊林芳，石学法，邓煜，等．南黄海、东海北部陆架区表层沉积物有机质分布特征［J］．海洋通报，2013，32（3）：281-286.

［78］吴靖．东营凹陷古近系沙四上亚段细粒岩沉积特征与层序地层研究［D］．北京：中国地质大学（北京），2015.

［79］吴明昊．四川盆地南部上奥陶统至下志留统黑色页岩沉积微相研究［D］．北京：中国地质大学（北京），2016.

［80］BURST J F. Post diagenetic clay mineral environmental relationships in the Gulf Coast Eocene［J］. Clays and Clay Minerals, 1957, 6（1）：327-341.

［81］BRUCE C H. Smectite dehydration：its relation to structural development and hydrocarbon accumulation in northern Gulf of Mexico basin［J］. AAPG Bullutin, 1984, 68（6）：673-683.

［82］BURTNER R L, WARNER M A. Relationship between illite/smectite diagenesis and hydrocarbon generation in Lower Cretaceous Mowry and Skull Creek Shales of the Northern Rocky Mountain area［J］. Clays and Clay Minerals, 1986, 34（4）：390-402.

［83］KO J, HESSE R. Illite/smectite diagenesis in the Beaufort-Mackenzie Basin, Arctic Canada：Relation to hydrocarbon occurence?［J］. Bulletin of Canadian Petroleum Geology, 1998, 46（1）：74-88.

［84］王行信，韩守华．中国含油气盆地砂泥岩黏土矿物的组合类型［J］．石油勘探与开发，2002，29（4）：1-3.

［85］BOLES J R, FRANKS S G. Clay diagenesis in Wilcox sandstones of Southwest Texas：Implications of smectite diagenesis on sandstone cementation［J］. Journal of Sedimentary Research, 1979, 49（1）：55-70.

［86］林西生．X射线衍射分析技术及其地质应用［M］．北京：石油工业出版社，1990.

［87］应凤祥．中国含油气盆地碎屑岩储集层成岩作用与成岩数值模拟［M］．北京：石油工业出版社，2004.

［88］PERRY E A, HOWER J. Late-stage dehydration in deeply buried pelitic sediments［J］. AAPG Bulletin, 1972, 56（10）：2013-2021.

［89］张晨晨，王玉满，董大忠，等．四川盆地五峰组-龙马溪组页岩脆性评价与甜点层预测［J］．天然气工业，2016，36（9）：51-60.

［90］蔡进功，卢龙飞，包于进，等．烃源岩中蒙皂石结合有机质后层间水的变化特征及其意义［J］．中国科学：地球科学，2012，42（4）：483-491.

［91］陆现彩，胡文宣，符琦，等．烃源岩中可溶有机质与粘土矿物结合关系——以东营凹陷沙四段低熟烃源岩为例［J］．地质科学，1999，34（1）：72-80.

［92］YARIV S, CROSS H. Organo-clay complexes and interactions［M］. New York：Marcel Dekker, 2002.

［93］王祥，刘玉华，张敏，等．页岩气形成条件及成藏影响因素研究［J］．天然气地球科学，2010，21（2）：350-356.

［94］李颖莉，蔡进功．泥质烃源岩中蒙脱石伊利石化对页岩气赋存的影响［J］．石油实验地质，2014，36（3）：352-358.

［95］王行信，卢志福．粘土矿物和油气生成的高温高压模拟试验［J］．石油勘探与开发，1987（6）：38-44.

［96］余和中，谢锦龙，王行信，等．有机粘土复合体与油气生成［J］．地学前缘，2006，13（4）：274-281.

［97］TISSOT B P, WELTE D H. Petroleum formation and occurrence［M］. Berlin：Springer-Verlag, 1984.

［98］侯读杰，冯子辉．油气地球化学［M］．北京：石油工业出版社，2011.

［99］BROOKS B T. Evidence of catalytic action in petroleum formation［J］. Industrial & Engineering Chemistry, 1952, 44（11）：2570-2577.

［100］邓景发．催化作用原理导论［M］．长春：吉林科学出版社，1984.

［101］王行信，万玉兰．有机粘土复合体在石油生成中的意义［J］．中国海上油气，1993，7（2）：27-33.

［102］李术元，林世静，郭绍辉，等．矿物质对干酪根热解生烃过程的影响［J］．石油大学学报（自然科学版），2002，26（1）：69-71.

［103］卞良樵，童箴言．碳酸盐岩与泥（页）岩有机质演化的差异及成因探讨［J］．石油勘探与开发，1989（2）：7-15.

［104］刘晓艳．粘土矿物对有机质演化的影响［J］．天然气地球科学，1995（1）：23-26.

［105］ANDRESEN B, THRONDSEN T, BARTH T, et al. Thermal generation of carbon-dioxide and organic-acids from different source rocks［J］. Organic Geochemistry, 1994, 21（12）：1229-1242.

［106］王德强，郭九皋，王辅亚，等．酸化对蒙脱石成分和结构影响的研究［J］．矿物学报，1998，18（2）：189-193.

［107］LEANARD J. Bauxite［M］. New York：American Institute of Mining, Metallurgical, and Petroleum Engineers, Inc, 1984.

［108］JOHNS WD, MCKALLIP T E. Burial diagenesis and specific catalytic activity of illite-smectite clay from Vienna Basin Austria［J］. AAPG Bullutin, 1989, 73（4）：472-482.

［109］LEWAN M D, WINTERS J C, MCDONALD J H. Generation of oil-like pyrolysates from organic-rich shales［J］. Science, 1979（203）：897-899.

［110］马向贤，郑建京，王晓锋，等．黏土矿物对油气生成的催化作用：研究进展与方向［J］．岩性油气藏，2015，27（2）：55-61.

［111］茹鑫．油页岩热解过程分子模拟及实验研究［D］．长春：吉林大学，2013.

［112］UNGERER P, COLLELL J, YIANNOURAKOU M. Molecular modeling of the volumetric and thermodynamic properties of kerogen：In fluence of organic type and maturity［J］. Energy and Fuels, 2015, 29（1）：91-105.

[113] 苏鸿. 页岩气在粘土中吸附行为的分子模拟 [D]. 成都：西南石油大学, 2016.

[114] 田守嶒, 王天宇, 李根生, 等. 页岩不同类型干酪根内甲烷吸附行为的分子模拟 [J]. 天然气工业, 2017, 37 (12)：18-25.

[115] 张烈辉, 郭晶晶, 唐洪明. 页岩气藏开发基础 [M]. 北京：石油工业出版社, 2014.

[116] BRUNAUER S. The adsorption of gases and vapors [M]. Princeton New Jersey：Princeton University Press, 1945.

[117] 陈磊, 姜振学, 纪文明, 等. 陆相页岩微观孔隙结构特征及对甲烷吸附性能的影响 [J]. 高校地质学报, 2016, 22 (2)：335-343.

[118] LANGMUIR I. The adsorption of gases on plane surfaces of glass, mica and platinum [J]. Jaurnal of the American chemical sociely, 1918, 40 (9)：1361-1403.

[119] MAO R, ZHANG J, PEI P, et al. Adsorption characteristics of clay-organic complexes and their role in shale gas resource evaluation [J]. Energy Science & Engineering, 2019, 7 (1)：108-119.

[120] VIANI A, GUALTIERI A F, ARTIOLI G. The nature of disorder in montmorillonite by simulation of X-ray powder patterns [J]. American Mineralogist, 2002, 87 (7)：966-975.

[121] DRITS V A, ZVIAGINA B B, MCCARTY D K, et al. Factors responsible for crystal-chemical variations in the solid solutions from illite to aluminoceladonite and from glauconite to celadonite [J]. American Mineralogist, 2010, 95：348-361.

[122] LISTER J S, BAILEY S W. Chlorite polytypism：Ⅳ. Regular two-layer structures [J]. American Mineralogist, 1967 (52)：1614-1631.

[123] JI L, ZHANG T, MILLIKEN K L. Experimental investigation of main controls to methane adsorption in clay-rich rocks [J]. Applied Geochemistry, 2012, 27 (12)：2533-2545.

[124] LIU D, YUAN P, LIU H, et al. High-pressure adsorption of methane on montmorillonite, kaolinite and illite [J]. Applied Clay Science, 2013, 85：25-30.

[125] FAN E, TANG S, ZHANG C, et al. Methane sorption capacity of organics and clays in high-over matured shale-gas systems [J]. Energy Exploration and loitation, 2014, 32 (6)：927-942.

[126] HILL D G, LOMBARDI T E. Fractured gas shale potential in New York [M]. Arvada：TICORA Geosciences, Inc., 2002.

[127] ROSS D J K, BUSTIN R M. Shale gas potential of the Lower Jurassic Gordondale member northeastern British Columbia [J]. Bulletin of Canadian Petroleum Geology, 2007, 55 (1)：51-75.

[128] CHALMERS G R L, BUSTIN R M. Lower Cretaceous gas shales in northeastern British Columbia, Part Ⅱ：evaluation of regional potential gas resources [J]. Bulletin of Canadian Petroleum Geology, 2008, 56 (1)：22-61.

[129] 郭旭升. 涪陵页岩气田焦石坝区块富集机理与勘探技术 [M]. 北京：科学出版社, 2014.

[130] 王香增. 陆相页岩气 [M]. 北京：石油工业出版社, 2014.

[131] 肖钢, 唐颖. 页岩气及其勘探开发 [M]. 北京：高等教育出版社, 2012.

[132] PETZOUKHA Y, SELIVANOV O. Promotion of petroleum formation by source rock deformation [C] // Organic Geochememistry Advance and Application in the Natural Environment. Manchester：Manchester University Press, 1991：312-314.

[133] 王兆明, 罗晓容, 陈瑞银, 等. 有机质热演化过程中地层压力的作用与影响 [J]. 地球科学进展, 2006, 21 (1)：39-46.

[134] 妥进才, 王随继. 油气形成过程中的催化反应 [J]. 天然气地球科学, 1995, 6 (2)：37-40.

[135] 丁文龙，李超，李春燕，等．页岩裂缝发育主控因素及其对含气性的影响 [J]．地学前缘，2012，19（2）：212-220.

[136] 王芳川，赵靖舟，丁文龙，等．渝东南地区龙马溪组页岩裂缝发育特征 [J]．天然气地球科学，2015，26（4）：760-770.

[137] 王淑芳，邹才能，董大忠，等．四川盆地富有机质页岩硅质生物成因及对页岩气开发的意义 [J]．北京大学学报（自然科学版），2014，50（3）：476-486.

[138] 邱小松，杨波，胡明毅．中扬子地区五峰组-龙马溪组页岩气储层及含气性特征 [J]．天然气地球科学，2013，24（6）：1274-1283.

[139] 丁文龙，张博闻，李泰明．古龙凹陷泥岩非构造裂缝的形成 [J]．石油与天然气地质，2003，24（1）：50-54.

[140] 纪友亮．油气储层地质学 [M]．北京：石油工业出版社，2015.

[141] 岳来群，康永尚，陈清礼，等．贵州地区下寒武统牛蹄塘组页岩气潜力分析 [J]．新疆石油地质，2013，34（2）：123-128.

[142] 常泰乐．黔北龙马溪组页岩气成藏条件研究 [D]．贵阳：贵州大学，2016.